看图学造价_之装饰装修工程造价

鸿图造价　组编

杨霖华　赵小云　主编

机械工业出版社

CHINA MACHINE PRESS

本书根据现行国家标准《建设工程工程量清单计价规范》（GB 50500—2013）、《房屋建筑与装饰工程工程量计算规范》（GB 50854—2013）进行编写，以清单的分部分项为线索，选择具有针对性的实例进行讲解，帮助读者更好地理解工程量清单的计算规则。本书在形式上推陈出新，以二维图、三维图相结合的形式，使一张图同时关联多张图，构成清晰的三维图，使读者对房屋中各个构件的印象不再模糊，对计算规则的理解更加深刻，同时也为以后软件的学习奠定良好的基础。

本书共6章，主要内容包括楼地面装饰工程，墙、柱面装饰与隔断、幕墙工程，天棚工程，油漆、涂料、裱糊工程，其他装饰工程，房屋修缮工程等。

本书内容简明实用、图文并茂、深入浅出，实际操作性较强，可作为建筑装饰工程预算人员和管理人员的参考用书，也可作为相关专业大中专院校师生的参考资料，还可供造价工程师、建造师参考使用。

图书在版编目（CIP）数据

看图学造价之装饰装修工程造价/杨霖华，赵小云主编 . —北京：机械工业出版社，2020. 4（2023. 3 重印）
ISBN 978-7-111-64922-9

Ⅰ. ①看… Ⅱ. ①杨… ②赵… Ⅲ. ①建筑装饰－工程造价
Ⅳ. ①TU723. 3

中国版本图书馆 CIP 数据核字（2020）第 035394 号

机械工业出版社（北京市百万庄大街 22 号 邮政编码 100037）
策划编辑：汤 攀 责任编辑：汤 攀 高凤春
责任校对：刘时光 封面设计：张 静
责任印制：单爱军
北京虎彩文化传播有限公司印刷
2023 年 3 月第 1 版第 2 次印刷
184mm×260mm·15 印张·370 千字
标准书号：ISBN 978-7-111-64922-9
定价：49. 00 元

电话服务 网络服务
客服电话：010-88361066 机 工 官 网：www. cmpbook. com
010-88379833 机 工 官 博：weibo. com/cmp1952
010-68326294 金 书 网：www. golden-book. com
封底无防伪标均为盗版 机工教育服务网：www. cmpedu. com

编 委 会

组 编

鸿图造价

主 编

杨霖华　赵小云

编 委

何长江　白庆海　任腾飞　郭　琳

张　东　王　利　吴　帆　杨恒博

杨汉青　张仪超　张　娜

▶▶▶▶▶ 前言
PREFACE

当前，几乎所有工程从开工到竣工都要求全程预算，包括开工预算、工程进度拨款、工程竣工结算等，不管业主、施工单位，还是第三方造价咨询机构，都必须具备自己的核心预算人员，因此工程造价专业人才的需求量非常大，发展机会较多。造价从业人员要想入行，重要的是积累经验，把工程建设、建筑行业现场实际经验和理论经验相结合，而实践经验的积累需要造价从业人员结合工程实际案例细细分析总结，对所学的知识加以巩固。

本书主要采用案例的形式，以二维图和三维图相结合的形式，一张图同时关联多张图，从而构成清晰的三维图，使读者对房屋中各个构件的印象不再模糊，对计算规则的理解更加深刻，同时也为以后软件的学习奠定良好的基础。为了让读者理解得透彻，对重要知识点配有音频或视频讲解，更有海量的学习资料可以通过与编者联系而获取。二维和三维图的结合可降低读者的门槛，结合案例主讲清单工程量计算规则、图、工程量计算过程等，内容上做到了循序渐进，环环相扣，同时也做到了系统性和完整性的统一。这样为读者学习提供了极大的便利。

工程造价的前提是会识图和能读懂计算规则并进行算量，如何把这一步走得踏实，并学以致用一直是很多造价从业人员的难题。市面上的造价类的图书多之又多，让人眼花缭乱，读者很难选到一本适合自己的造价类图书，而要选择一本好书更是无从下手。

与同类书相比，本书每章均进行了详细的划分，将知识点分门别类，有序进行讲解，以求最大程度上为读者提供有价值的学习资料。为了和读者进一步互动，编者将提供在线答疑服务。本书与同类书相比具有的显著特点如下：

（1）对一个知识点采用多角度去剖析，不仅有书上展示的，还有配套资源。

（2）二维图和现场图对应，平面和立体结合，配套资源，可随时随地学习。

（3）系统的一站式学习，图片＋计算＋解析＋注意事项。

（4）在线提供答疑服务，不仅是一本书的收获，还是一份信任的收获。

本书在编写过程中，得到了许多同行的支持与帮助，在此一并表示感谢。由于编者水平有限加之时间紧迫，书中难免有错误和不妥之处，望广大读者批评指正。

如有疑问，可发邮件至 zjyjr1503@163.com 或加入 QQ 群 811179070 与编者联系。

本书提供视频讲解，可扫描二维码观看。

编　者

目录

CONTENT

前言

第1章 楼地面装饰工程

1.1 整体面层及找平层

1.1.1 水泥砂浆楼地面

项目编码：011101001　　项目名称：水泥砂浆楼地面

【例1-1】某建筑住宅房间平面图如图 1-1 所示，墙厚为 240mm，房间地面为水泥砂浆楼地面，试根据清单工程量计算规则计算水泥砂浆楼地面工程量。

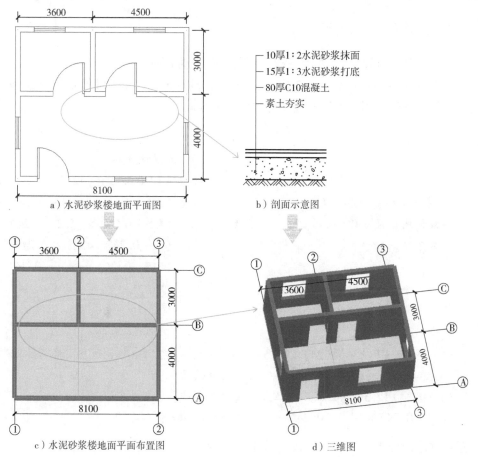

图1-1　水泥砂浆楼地面平面及三维示意图

【解】

| 1. 清单工程量计算规则
按设计图示尺寸以面积计算。
计量单位：m^2。 | 2. 工程量计算
$S = (3.6 - 0.24) \times (3 - 0.24) +$
$(4.5 - 0.24) \times (3 - 0.24) +$
$(8.1 - 0.24) \times (4 - 0.24)$
$= 50.58 m^2$ |

式中：

$(3.6 - 0.24) \times (3 - 0.24)$——左上侧房间楼地面面积；

$(4.5 - 0.24) \times (3 - 0.24)$——右上侧房间楼地面面积；

$(8.1 - 0.24) \times (4 - 0.24)$——下侧房间楼地面面积。

注意：扣除凸出地面构筑物、设备基础、室内铁道、地沟等所占面积，不扣除间壁墙及≤$0.3m^2$ 柱、垛、附墙烟囱及孔洞所占面积。门洞、空圈、暖气包槽、壁龛的开口部分不增加面积。

1.1.2 细石混凝土楼地面

项目编码：011101002 项目名称：细石混凝土楼地面

【例1-2】某同学家一层如图1-2所示，墙厚为240mm，地面为细石混凝土楼地面，试根据清单工程量计算规则计算细石混凝土楼地面工程量。

【解】

| 1. 清单工程量计算规则
按设计图示尺寸以面积计算。
计量单位：m^2。 | 2. 工程量计算
$S = (5 - 0.24) \times (12.7 - 0.24) +$
$(1.5 - 0.24) \times (3 - 0.24) +$
$(4.5 - 0.24) \times (5.2 - 0.24) +$
$(5 - 0.24) \times (3 - 0.24) +$
$(6.5 - 0.24) \times (4.5 - 0.24)$
$= 123.72 m^2$ |

式中：

$(5 - 0.24) \times (12.7 - 0.24) + (1.5 - 0.24) \times (3 - 0.24)$——左边房间楼地面面积；

$(4.5 - 0.24) \times (5.2 - 0.24)$——主卧楼地面面积；

$(5 - 0.24) \times (3 - 0.24)$——卫生间楼地面面积；

$(6.5 - 0.24) \times (4.5 - 0.24)$——次卧楼地面面积。

注意：扣除凸出地面构筑物、设备基础、室内铁道、地沟等所占面积，不扣除间壁墙及≤$0.3m^2$ 柱、垛、附墙烟囱及孔洞所占面积。门洞、空圈、暖气包槽、壁龛的开口部分不增加面积。

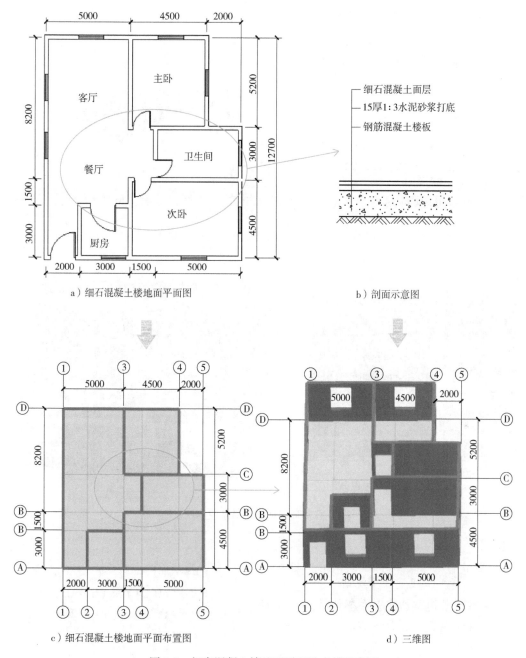

a）细石混凝土楼地面平面图

b）剖面示意图

c）细石混凝土楼地面平面布置图

d）三维图

图1-2 细实混凝土楼地面平面及三维示意图

1.1.3 自流坪楼地面

项目编码：011101003　　项目名称：自流坪楼地面

【**例1-3**】某建筑房间一层如图1-3所示，墙厚为240mm，地面为自流坪楼地面，试根据清单工程量计算规则计算自流坪楼地面工程量。

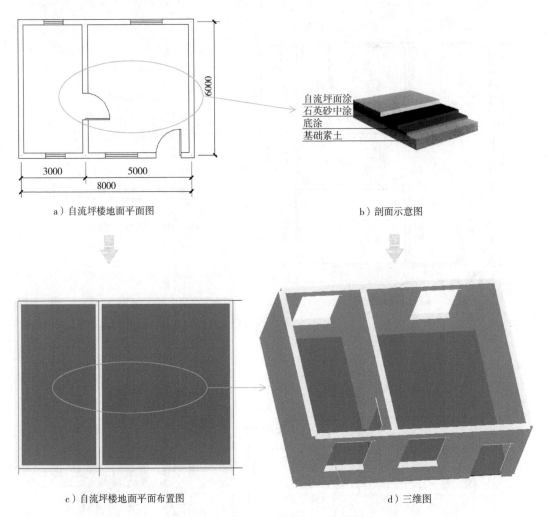

a）自流坪楼地面平面图　　　　　　　　　b）剖面示意图

c）自流坪楼地面平面布置图　　　　　　　d）三维图

图 1-3　自流坪楼地面平面及三维示意图

【解】

1. 清单工程量计算规则
按设计图示尺寸以面积计算。
计量单位：m^2。

2. 工程量计算
$$S = (3 - 0.24) \times (6 - 0.24) + (5 - 0.24) \times (6 - 0.24)$$
$$= 43.32 m^2$$

式中：
$(3 - 0.24) \times (6 - 0.24)$——左侧房间楼地面面积；
$(5 - 0.24) \times (6 - 0.24)$——右侧房间楼地面面积。

注意：扣除凸出地面构筑物、设备基础、室内铁道、地沟等所占面积，不扣除间壁墙及 ≤0.3m^2 柱、垛、附墙烟囱及孔洞所占面积。门洞、空圈、暖气包槽、壁龛的开口部分不增加面积。

1.1.4　耐磨楼地面

项目编码：011101004　　项目名称：耐磨楼地面

【例1-4】已知某办公室的二层地面为耐磨楼地面，如图1-4所示，墙厚为240mm，试根据清单工程量计算规则计算耐磨楼地面工程量。

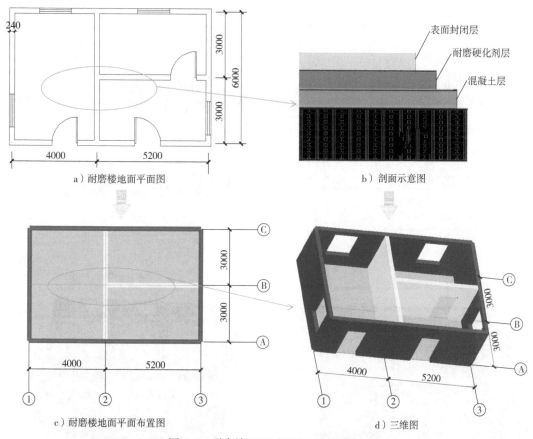

a）耐磨楼地面平面图　　　　　　　　　　b）剖面示意图

c）耐磨楼地面平面布置图　　　　　　　　d）三维图

图1-4　耐磨楼地面平面及三维示意图

【解】

1. 清单工程量计算规则

按设计图示尺寸以面积计算。

计量单位：m²。

2. 工程量计算

$$S = (4 - 0.24) \times (6 - 0.24) + (5.2 - 0.24) \times (3 - 0.24) \times 2$$
$$= 49.04 \text{m}^2$$

式中：

$(4 - 0.24) \times (6 - 0.24)$——左侧房间楼地面面积；

$(5.2 - 0.24) \times (3 - 0.24) \times 2$——右侧2个房间楼地面面积。

注意：扣除凸出地面构筑物、设备基础、室内铁道、地沟等所占面积，不扣除间壁墙及≤0.3m² 柱、垛、附墙烟囱及孔洞所占面积。门洞、空圈、暖气包槽、壁龛的开口部分不增加面积。

1.1.5 塑胶地面

项目编码：011101005　　项目名称：塑胶地面

【例1-5】已知某建筑房间地面为塑胶地面，如图1-5所示，墙厚为240mm，门洞尺寸为2100mm×1000mm，试根据清单工程量计算规则计算塑胶地面工程量。

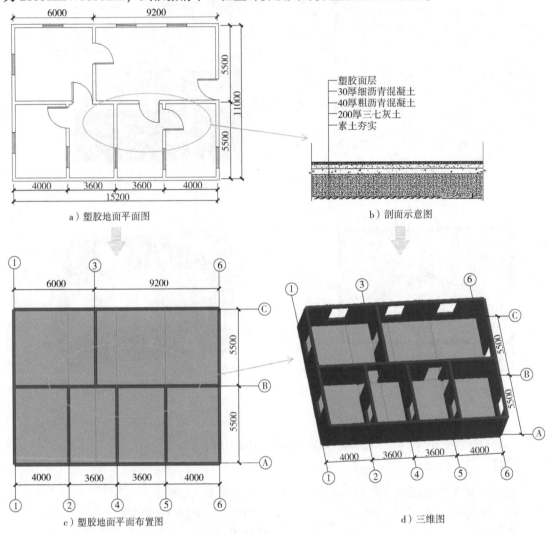

a）塑胶地面平面图　　　　　　　　　b）剖面示意图

c）塑胶地面平面布置图　　　　　　　d）三维图

图1-5　塑胶地面平面及三维示意图

【解】

1. 清单工程量计算规则

按设计图示尺寸以面积计算。

计量单位：m²。

2. 工程量计算

$S = (6 - 0.24) \times (5.5 - 0.24) + (9.2 - 0.24) \times (5.5 - 0.24) + (4 - 0.24) \times (5.5 - 0.24) \times 2 + (3.6 - 0.24) \times (5.5 - 0.24) \times 2 + 1.0 \times 0.24 \times 6$

$= 153.77 m^2$

式中：

(6 - 0.24) × (5.5 - 0.24)——左上侧房间楼地面面积；

(9.2 - 0.24) × (5.5 - 0.24)——右上侧房间楼地面面积；

(4 - 0.24) × (5.5 - 0.24) × 2——左下侧和右下侧房间楼地面面积；

(3.6 - 0.24) × (5.5 - 0.24) × 2——中间两个房间楼地面面积；

1.0 × 0.24 × 6——门洞下地面面积。

注意：门洞、空圈、暖气包槽、壁龛的开口部分并入相应的工程量内。

1.1.6 平面砂浆找平层

项目编码：011101006　　　**项目名称：平面砂浆找平层**

【例1-6】某建筑首层布置如图1-6所示，墙体厚度为240mm，室内地面采用块料面层，找平层采用1:2.5水泥砂浆，试根据清单工程量计算规则计算平面砂浆找平层工程量。

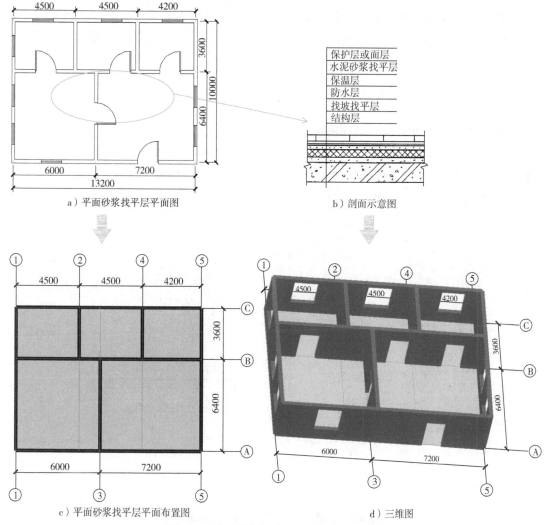

a）平面砂浆找平层平面图　　　　　　　b）剖面示意图

c）平面砂浆找平层平面布置图　　　　　　d）三维图

图1-6　平面砂浆找平层平面及三维示意图

【解】

1. 清单工程量计算规则

按设计图示尺寸以面积计算。

计量单位：m^2。

2. 工程量计算

$$S = (4.5 - 0.24) \times (3.6 - 0.24) \times 2 +$$
$$(4.2 - 0.24) \times (3.6 - 0.24) +$$
$$(6 - 0.24) \times (6.4 - 0.24) +$$
$$(7.2 - 0.24) \times (6.4 - 0.24)$$
$$= 120.29m^2$$

式中：

$(4.5 - 0.24) \times (3.6 - 0.24) \times 2$——左上侧两个房间楼地面面积；

$(4.2 - 0.24) \times (3.6 - 0.24)$——右上侧房间楼地面面积；

$(6 - 0.24) \times (6.4 - 0.24)$——左下侧房间楼地面面积；

$(7.2 - 0.24) \times (6.4 - 0.24)$——右下侧房间楼地面面积。

注意：扣除凸出地面构筑物、设备基础、室内铁道、地沟等所占面积，不扣除间壁墙及≤$0.3m^2$柱、垛、附墙烟囱及孔洞所占面积。门洞、空圈、暖气包槽、壁龛的开口部分不增加面积。

1.1.7 混凝土找平层

项目编码：011101007 项目名称：混凝土找平层

【例1-7】某同学家一层房屋如图1-7所示，墙厚为240mm，厨房地面找平层为混凝土找平层，试根据清单工程量计算规则计算厨房混凝土找平层工程量。

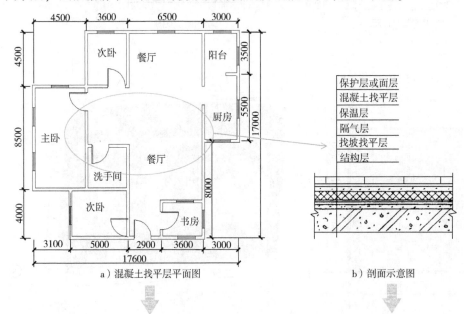

a）混凝土找平层平面图　　　　　　　b）剖面示意图

图1-7 混凝土找平层平面及三维示意图

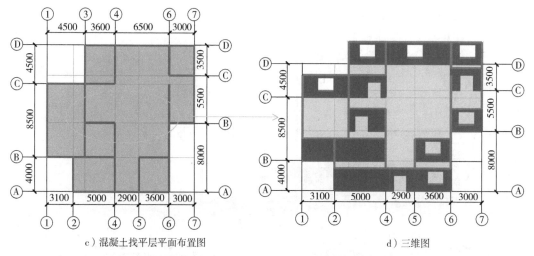

c）混凝土找平层平面布置图 　　　　　　　d）三维图

图1-7 混凝土找平层平面及三维示意图（续）

【解】

1. 清单工程量计算规则
按设计图示尺寸以面积计算。
计量单位：m^2。

2. 工程量计算
$S = (3 - 0.24) \times (5.5 - 0.24)$
$= 14.52 m^2$

式中：
5.5 - 0.24——楼地面长度；
3 - 0.24——楼地面宽度。

注意：扣除凸出地面构筑物、设备基础、室内铁道、地沟等所占面积，不扣除间壁墙及 ≤0.3m^2柱、垛、附墙烟囱及孔洞所占面积。门洞、空圈、暖气包槽、壁龛的开口部分不增加面积。

1.1.8 自流坪找平层

项目编码：011101008　　项目名称：自流坪找平层

【例1-8】某建筑物房间如图1-8所示，墙厚为240mm，地面找平层为自流坪找平层，试根据清单工程量计算规则计算自流坪找平层工程量。

【解】

1. 清单工程量计算规则
按设计图示尺寸以面积计算。
计量单位：m^2。

2. 工程量计算
$S = (4.2 - 0.24) \times (6.6 - 0.24) +$
$(4.2 - 0.24) \times (3.3 - 0.24) \times 2$
$= 49.42 m^2$

式中：
$(4.2 - 0.24) \times (6.6 - 0.24)$——左侧房间楼地面面积；
$(4.2 - 0.24) \times (3.3 - 0.24) \times 2$——右侧两个房间楼地面面积。

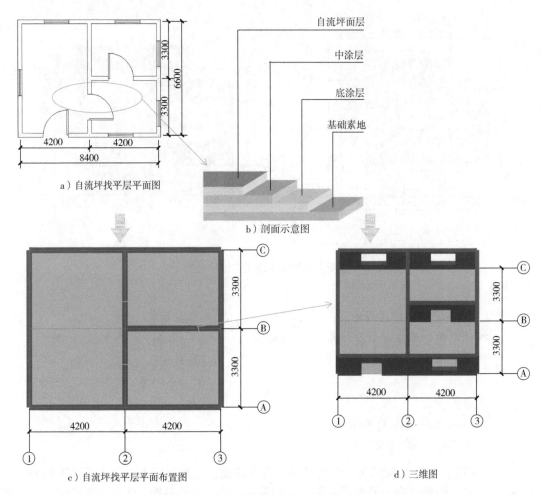

a) 自流坪找平层平面图

b) 剖面示意图

c) 自流坪找平层平面布置图

d) 三维图

图 1-8　自流坪找平层平面及三维示意图

　　注意：扣除凸出地面构筑物、设备基础、室内铁道、地沟等所占面积，不扣除间壁墙及≤0.3m² 柱、垛、附墙烟囱及孔洞所占面积。门洞、空圈、暖气包槽、壁龛的开口部分不增加面积。

1.2　块料面层

1.2.1　石材楼地面

　　项目编码：011102001　　项目名称：石材楼地面

　　【例 1-9】 某住所一层地面为石材楼地面，如图 1-9 所示，门洞尺寸均为 1200mm × 2100mm，墙厚为 240mm，试根据清单工程量计算规则计算石材楼地面工程量。

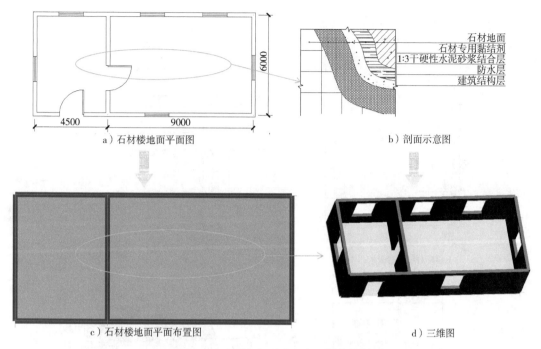

a）石材楼地面平面图　　　　　　　　b）剖面示意图

c）石材楼地面平面布置图　　　　　　d）三维图

图1-9　石材楼地面平面及三维示意图

【解】

1. 清单工程量计算规则
按设计图示尺寸以面积计算。
计量单位：m²。

2. 工程量计算
$S = (4.5 - 0.24) \times (6 - 0.24) +$
$(9 - 0.24) \times (6 - 0.24) + 1.2 \times$
0.24×2
$= 75.57 \mathrm{m}^2$

式中：
$(4.5 - 0.24) \times (6 - 0.24)$——左侧房间楼地面面积；
$(9 - 0.24) \times (6 - 0.24)$——右侧房间楼地面面积；
$1.2 \times 0.24 \times 2$——两个门洞口楼地面面积。

注意：门洞、空圈、暖气包槽、壁龛的开口部分并入相应的工程量内。

1.2.2　拼碎石材楼地面

项目编码：011102002　　项目名称：拼碎石材楼地面

【例1-10】某建筑小区住宅一层地面为拼碎石材楼地面，如图1-10所示，主卧和阳台门洞尺寸均为1200mm×2100mm，侧卧、卫生间和厨房门洞尺寸为800mm×2100mm，墙厚为240mm，试根据清单工程量计算规则计算拼碎石材楼地面工程量。

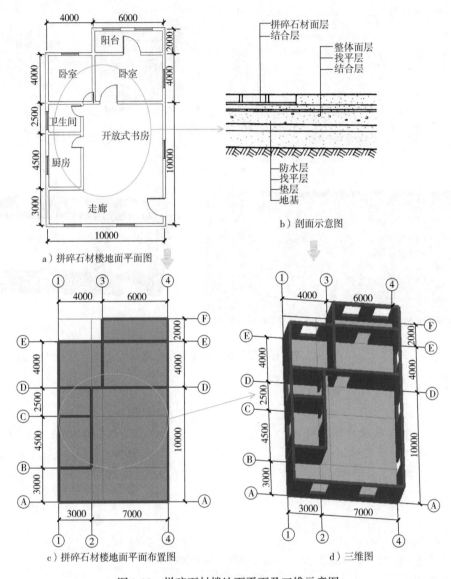

图 1-10　拼碎石材楼地面平面及三维示意图

【解】

1. 清单工程量计算规则

按设计图示尺寸以面积计算。

计量单位：m^2。

2. 工程量计算

$$S = (6 - 0.24) \times (2 - 0.24) + (4 - 0.24) \times (4 - 0.24) + (6 - 0.24) \times (4 - 0.24) + (2.5 - 0.24) \times (3 - 0.24) + (4.5 - 0.24) \times (3 - 0.24) + (3 - 0.24) \times (10 - 0.24) + (10 - 3 - 0.24) \times (10 - 3 - 0.12) + 1.2 \times 0.24 \times 2 + 0.8 \times 0.24 \times 3$$

$$= 138.52 m^2$$

式中:

$(6 - 0.24) \times (2 - 0.24)$——阳台楼地面面积;

$(4 - 0.24) \times (4 - 0.24)$——左侧卧室楼地面面积;

$(6 - 0.24) \times (4 - 0.24)$——右侧卧室楼地面面积;

$(2.5 - 0.24) \times (3 - 0.24)$——卫生间楼地面面积;

$(4.5 - 0.24) \times (3 - 0.24)$——厨房楼地面面积;

$(3 - 0.24) \times (10 - 0.24)$——走廊楼地面面积;

$(10 - 3 - 0.24) \times (10 - 3 - 0.12)$——开放式书房楼地面面积;

$1.2 \times 0.24 \times 2$——主卧和阳台门洞口楼地面面积;

$0.8 \times 0.24 \times 3$——侧卧、卫生间和厨房门洞口楼地面面积。

注意:门洞、空圈、暖气包槽、壁龛的开口部分并入相应的工程量内。

1.2.3 块料楼地面

项目编码:011102003 项目名称:块料楼地面

【例1-11】某住所一层地面为块料楼地面,如图1-11所示,门洞尺寸均为1200mm × 2400mm,墙厚为240mm,试根据清单工程量计算规则计算块料楼地面工程量。

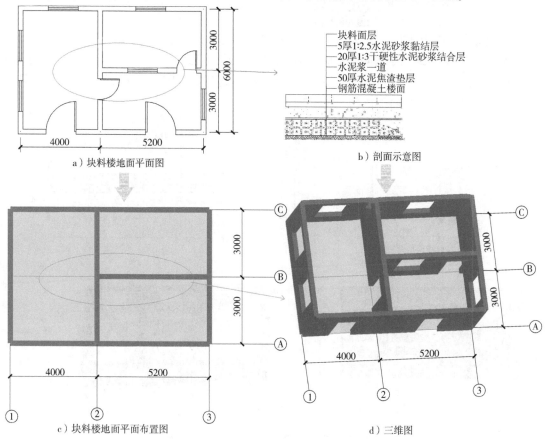

a)块料楼地面平面图   b)剖面示意图

c)块料楼地面平面布置图   d)三维图

图1-11 块料楼地面平面及三维示意图

【解】

1. 清单工程量计算规则	2. 工程量计算

1. 清单工程量计算规则
　　按设计图示尺寸以面积计算。
　　计量单位：m^2。

➡

2. 工程量计算
$S = (4 - 0.24) \times (6 - 0.24) + (5.2 - 0.24) \times (3 - 0.24) \times 2 + 1.2 \times 0.24 \times 4$
$= 50.19 m^2$

⬇

式中：
$(4 - 0.24) \times (6 - 0.24)$——左侧房间楼地面面积；
$(5.2 - 0.24) \times (3 - 0.24) \times 2$——右侧两个房间楼地面面积；
$1.2 \times 0.24 \times 4$——4个门洞口楼地面面积。

注意：门洞、空圈、暖气包槽、壁龛的开口部分并入相应的工程量内。

1.3 橡胶面层

1.3.1 橡胶板楼地面

项目编码：011103001　　　项目名称：**橡胶板楼地面**

【例1-12】某建筑三个房间楼地面装饰均为橡胶板楼地面，如图1-12所示，门洞尺寸均为1200mm×2400mm，墙厚均为240mm，试根据清单工程量计算规则计算橡胶板楼地面工程量。

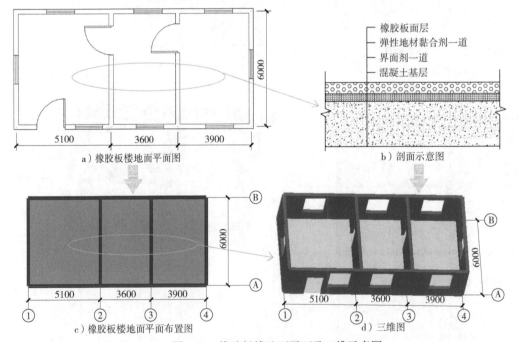

a）橡胶板楼地面平面图　　　　　　　　b）剖面示意图

c）橡胶板楼地面平面布置图　　　　　　d）三维图

图1-12　橡胶板楼地面平面及三维示意图

【解】

1. 清单工程量计算规则

按设计图示尺寸以面积计算。

计量单位：m^2。

2. 工程量计算

$S = (5.1 - 0.24) \times (6 - 0.24) + (3.6 - 0.24) \times (6 - 0.24) + (3.9 - 0.24) \times (6 - 0.24) + 1.2 \times 0.24 \times 3$

$= 69.29m^2$

式中：

$(5.1 - 0.24) \times (6 - 0.24)$——左侧室内楼地面面积；

$(3.6 - 0.24) \times (6 - 0.24)$——中间室内楼地面面积；

$(3.9 - 0.24) \times (6 - 0.24)$——右侧室内楼地面面积；

$1.2 \times 0.24 \times 3$——3个门洞口楼地面面积。

注意：门洞、空圈、暖气包槽、壁龛的开口部分并入相应的工程量内。

1.3.2　橡胶板卷材楼地面

项目编码：011103002　　项目名称：橡胶板卷材楼地面

【例1-13】某建筑房间楼地面装饰均为橡胶板卷材楼地面，如图1-13所示，门洞尺寸均为1200mm×2400mm，墙厚均为240mm，试根据清单工程量计算规则计算橡胶板卷材楼地面工程量。

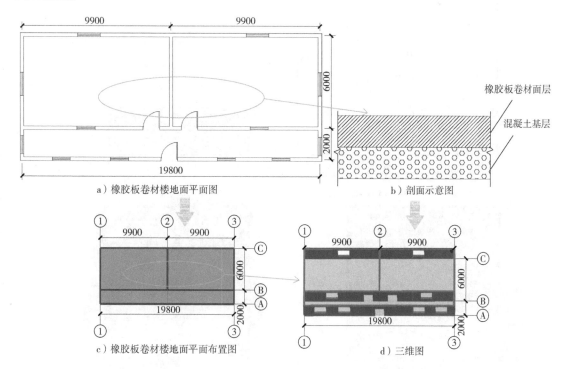

a）橡胶板卷材楼地面平面图　　　　b）剖面示意图

c）橡胶板卷材楼地面平面布置图　　　d）三维图

图1-13　橡胶板卷材楼地面平面及三维示意图

【解】

1. 清单工程量计算规则

按设计图示尺寸以面积计算。

计量单位：m^2。

2. 工程量计算

$$S = (9.9 - 0.24) \times (6 - 0.24) \times 2 + (19.8 - 0.24) \times (2 - 0.24) + 1.2 \times 0.24 \times 3 = 146.57 m^2$$

式中：

$(9.9 - 0.24) \times (6 - 0.24) \times 2$——上侧两个室内楼地面面积；

$(19.8 - 0.24) \times (2 - 0.24)$——下侧室内楼地面面积；

$1.2 \times 0.24 \times 3$——3 个门洞口楼地面面积。

注意：门洞、空圈、暖气包槽、壁龛的开口部分并入相应的工程量内。

1.3.3　塑料板楼地面

项目编码：011103003　　**项目名称**：塑料板楼地面

【例1-14】某建筑房间楼地面均为塑料板楼地面，如图 1-14 所示，门洞尺寸均为 1200mm×2400mm，墙厚均为 240mm，试根据清单工程量计算规则计算塑料板楼地面工程量。

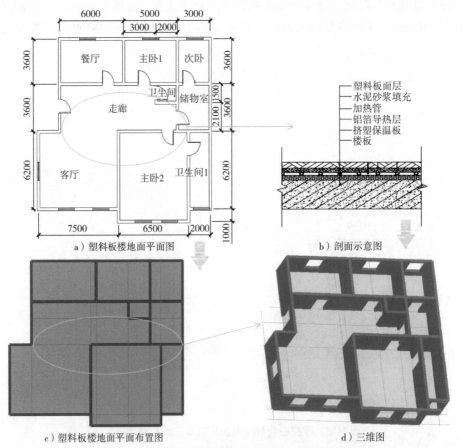

a）塑料板楼地面平面图　　　　b）剖面示意图

c）塑料板楼地面平面布置图　　　　d）三维图

图 1-14　塑料板楼地面平面及三维示意图

【解】

1. 清单工程量计算规则

按设计图示尺寸以面积计算。

计量单位：m^2。

2. 工程量计算

$S = (6-0.24) \times (3.6-0.24) + (5-0.24) \times (3.6-0.24) + (3-0.24) \times (3.6-0.24) + (3-0.24) \times (3.6-0.24) + (2-0.24) \times (1.5-0.24) + (11-0.24) \times (3.6-0.24) - 2 \times 1.5 + (2-0.24) \times (6.2-0.24) + (6.5-0.24) \times (7.2-0.24) + (7.5-0.24) \times (6.2-0.24) + 0.24 \times (6+5+3-2-6.5-0.24) + 1.2 \times 0.24 \times 8$

$= 190.17 m^2$

式中：

$(6-0.24) \times (3.6-0.24)$——餐厅楼地面面积；

$(5-0.24) \times (3.6-0.24)$——主卧1楼地面面积；

$(3-0.24) \times (3.6-0.24)$——次卧楼地面面积；

$(3-0.24) \times (3.6-0.24)$——储物室楼地面面积；

$(2-0.24) \times (1.5-0.24)$——卫生间楼地面面积；

$(11-0.24) \times (3.6-0.24) - 2 \times 1.5$——中间走廊楼地面面积；

$(2-0.24) \times (6.2-0.24)$——卫生间1楼地面面积；

$(6.5-0.24) \times (7.2-0.24)$——主卧2楼地面面积；

$(7.5-0.24) \times (6.2-0.24) + 0.24 \times (6+5+3-2-6.5-0.24)$——客厅楼地面面积；

$1.2 \times 0.24 \times 8$——8个门洞口楼地面面积。

注意：门洞、空圈、暖气包槽、壁龛的开口部分并入相应的工程量内。

1.3.4 塑料卷材楼地面

项目编码：011103004 项目名称：塑料卷材楼地面

【例1-15】 某建筑房间楼地面为塑料卷材楼地面，如图1-15所示，门洞尺寸均为1200mm×2400mm，墙厚为240mm，试根据清单工程量计算规则计算塑料卷材楼地面工程量。

【解】

1. 清单工程量计算规则

按设计图示尺寸以面积计算。

计量单位：m^2。

2. 工程量计算

$S = (3.6-0.24) \times (3.6-0.24) + (5-0.24) \times (3.6-0.24) + (1.6-0.24) \times (8-0.24) + (3-0.24) \times (4-0.24) + (2+3-0.24) \times (8-0.24) - 3 \times 4 + (2-0.24) \times (4-0.24) + (2-0.24) \times (4-0.24) + 0.24 \times 1.2 \times 7$

$= 86.40 m^2$

式中：

$(3.6-0.24) \times (3.6-0.24)$ ——卧室 1 楼地面面积；

$(5-0.24) \times (3.6-0.24)$ ——卧室 2 楼地面面积；

$(1.6-0.24) \times (8-0.24)$ ——厨房楼地面面积；

$(3-0.24) \times (4-0.24)$ ——卧室 4 楼地面面积；

$(2+3-0.24) \times (8-0.24) -3 \times 4$ ——客厅楼地面面积；

$(2-0.24) \times (4-0.24)$ ——卧室 3 楼地面面积；

$(2-0.24) \times (4-0.24)$ ——卫生间楼地面面积；

$0.24 \times 1.2 \times 7$ ——7 个门洞口楼地面面积。

注意：门洞、空圈、暖气包槽、壁龛的开口部分并入相应的工程量内。

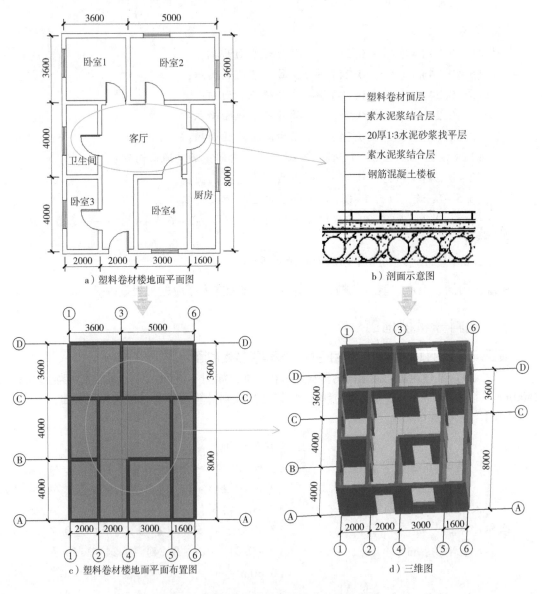

图 1-15　塑料卷材楼地面平面及三维示意图

1.3.5 运动地板

项目编码：011103005   项目名称：运动地板

【例1-16】某学校体育馆一层地面为运动地板，如图 1-16 所示，门洞尺寸均为 1200mm ×
2400mm，墙厚为 240mm，试根据清单工程量计算规则计算运动地板工程量。

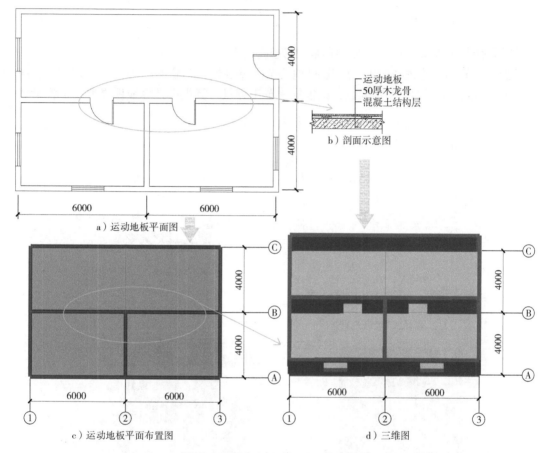

图 1-16 运动地板平面及三维示意图

【解】

1. 清单工程量计算规则
按设计图示尺寸以面积计算。
计量单位：m²。

2. 工程量计算
$$S = (6 - 0.24) \times (4 - 0.24) \times 2 + (12 - 0.24) \times (4 - 0.24) + 0.24 \times 1.2 \times 3$$
$$= 88.40 \text{m}^2$$

式中：

$(6 - 0.24) \times (4 - 0.24) \times 2$——下侧两个房间楼地面面积；

$(12 - 0.24) \times (4 - 0.24)$——上侧房间楼地面面积；

$0.24 \times 1.2 \times 3$——3 个门洞口楼地面面积。

注意：门洞、空圈、暖气包槽、壁龛的开口部分并入相应的工程量内。

1.4 其他材料面层

1.4.1 地毯楼地面

项目编码： 011104001　　**项目名称：地毯楼地面**

【例1-17】某建筑物室内一层房间地面铺设地毯，如图1-17所示，门洞尺寸均为1200mm×2400mm，墙厚为240mm，试根据清单工程量计算规则计算地毯楼地面工程量。

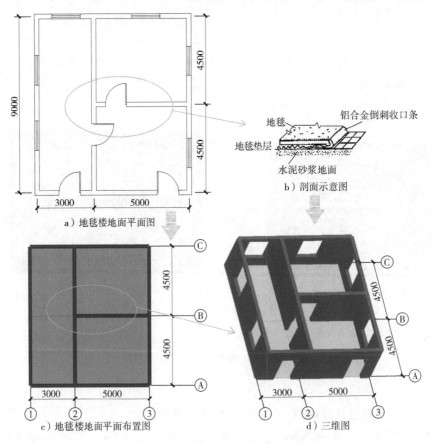

图1-17　地毯楼地面平面及三维示意图

【解】

| 1. 清单工程量计算规则 | 2. 工程量计算 |

1. 清单工程量计算规则
按设计图示尺寸以面积计算。
计量单位：m²。

2. 工程量计算
$S = (3-0.24) \times (9-0.24) + (5-0.24) \times (4.5-0.24) \times 2 + 0.24 \times 1.2 \times 4$
$= 65.88 \text{m}^2$

式中：

$(3 - 0.24) \times (9 - 0.24)$——左侧室内楼地面面积；

$(5 - 0.24) \times (4.5 - 0.24) \times 2$——右侧室内 2 个楼地面面积；

$0.24 \times 1.2 \times 4$——4 个门洞口楼地面面积。

注意：门洞、空圈、暖气包槽、壁龛的开口部分并入相应的工程量内。

1.4.2 竹、木（复合）地板

项目编码：011104002　　　项目名称：竹、木（复合）地板

【例 1-18】某建筑房间平面图如图 1-18 所示，若室内房间铺设木地板，门洞尺寸均为 1200mm×2400mm，墙厚为 240mm，试根据清单工程量计算规则计算木地板地面工程量。

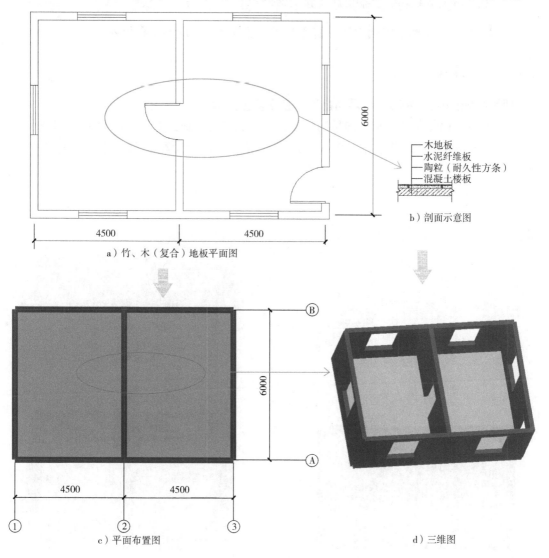

a）竹、木（复合）地板平面图

b）剖面示意图

c）平面布置图

d）三维图

图 1-18　木地板地面平面及三维示意图

【解】

1. 清单工程量计算规则
按设计图示尺寸以面积计算。
计量单位：m^2。

2. 工程量计算
$S = (4.5 - 0.24) \times (6 - 0.24) \times 2 +$
$\quad 0.24 \times 1.2 \times 2$
$\quad = 49.65 m^2$

式中：
4.5 - 0.24——楼地面长度；
6 - 0.24——楼地面宽度；
2——房间个数；
0.24 × 1.2 × 2——2 个门洞口楼地面面积。

注意：门洞、空圈、暖气包槽、壁龛的开口部分并入相应的工程量内。

1.4.3 金属复合地板

项目编码：011104003 项目名称：金属复合地板

【例 1-19】 已知某建筑物室内房间地面铺设金属复合地板，如图 1-19 所示，门洞尺寸均为 1200mm × 2400mm，墙厚为 240mm，试根据清单工程量计算规则计算金属复合地板工程量。

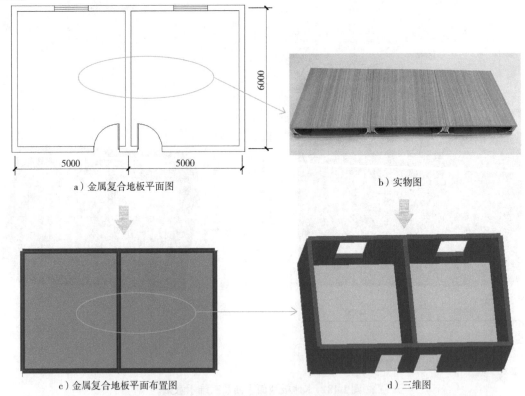

a）金属复合地板平面图   b）实物图

c）金属复合地板平面布置图   d）三维图

图 1-19 金属复合地板平面及三维示意图

【解】

1. 清单工程量计算规则

按设计图示尺寸以面积计算。

计量单位：m^2。

2. 工程量计算

$$S = (5 - 0.24) \times (6 - 0.24) \times 2 + 0.24 \times 1.2 \times 2$$
$$= 55.41 m^2$$

式中：

$5 - 0.24$——楼地面长度；

$6 - 0.24$——楼地面宽度；

2——房间个数；

$0.24 \times 1.2 \times 2$——2 个门洞口楼地面面积。

注意：门洞、空圈、暖气包槽、壁龛的开口部分并入相应的工程量内。

1.4.4 防静电活动地板

项目编码：011104004　　项目名称：防静电活动地板

【例1-20】已知某工厂房间地面铺设防静电活动地板，如图 1-20 所示，门洞尺寸均为 $1200mm \times 2400mm$，墙厚为 240mm，试根据清单工程量计算规则计算防静电活动地板工程量。

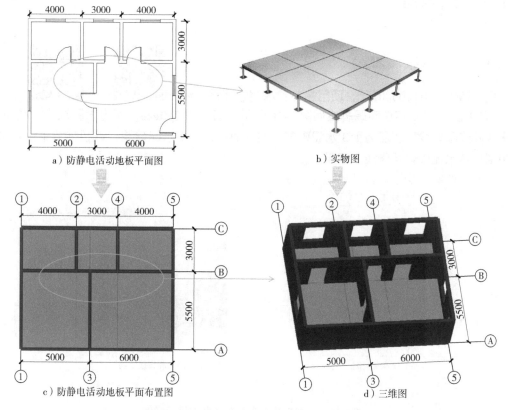

a）防静电活动地板平面图　　　　　　b）实物图

c）防静电活动地板平面布置图　　　　d）三维图

图 1-20　防静电活动地板平面及三维示意图

【解】

1. 清单工程量计算规则

按设计图示尺寸以面积计算。

计量单位：m²。

2. 工程量计算

$$S = (4 - 0.24) \times (3 - 0.24) + (3 - 0.24) \times (3 - 0.24) + (4 - 0.24) \times (3 - 0.24) + (5 - 0.24) \times (5.5 - 0.24) + (6 - 0.24) \times (5.5 - 0.24) + 0.24 \times 1.2 \times 5$$
$$= 85.15 \text{m}^2$$

式中：

$(4 - 0.24) \times (3 - 0.24)$——左上侧房间楼地面面积；

$(3 - 0.24) \times (3 - 0.24)$——中间房间楼地面面积；

$(4 - 0.24) \times (3 - 0.24)$——右上侧房间楼地面面积；

$(5 - 0.24) \times (5.5 - 0.24)$——左下侧房间楼地面面积；

$(6 - 0.24) \times (5.5 - 0.24)$——右下侧房间楼地面面积；

$0.24 \times 1.2 \times 5$——5 个门洞口楼地面面积。

注意：门洞、空圈、暖气包槽、壁龛的开口部分并入相应的工程量内。

1.5　踢脚线

1.5.1　水泥砂浆踢脚线

项目编码：011105001　　项目名称：水泥砂浆踢脚线

【例 1-21】已知某房间踢脚线如图 1-21 所示，墙厚为 240mm，室内踢脚线为 150mm 高的水泥砂浆踢脚线，底层为 1:3 水泥砂浆底层，面层为 1:2 水泥砂浆，试根据清单工程量计算规则计算水泥砂浆踢脚线工程量。

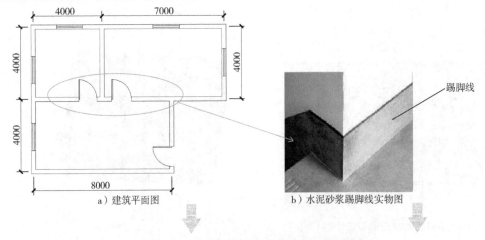

a）建筑平面图　　　　b）水泥砂浆踢脚线实物图

图 1-21　水泥砂浆踢脚线平面及三维示意图

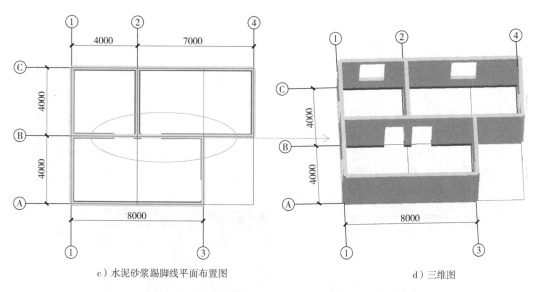

c）水泥砂浆踢脚线平面布置图 d）三维图

图1-21 水泥砂浆踢脚线平面及三维示意图（续）

【解】

1. 清单工程量计算规则
按设计图示尺寸以延长米计算。
计量单位：m。

➡

2. 工程量计算
$L = (4 - 0.24) \times 2 + (8 - 0.24) \times 2 + (4 - 0.24) \times 4 + (4 + 7 - 0.24 \times 2) \times 2$
$= 59.12\text{m}$

⬇

式中：
$(4 - 0.24) \times 2$——A~B轴线间的长度，0.24为墙厚；
$(8 - 0.24) \times 2$——①~③轴线间的长度，0.24为墙厚；
$(4 - 0.24) \times 4$——B~C轴线间的长度，0.24为墙厚；
$(4 + 7 - 0.24 \times 2) \times 2$——①~④轴线间的长度，0.24为墙厚。

注意：不扣除门洞口的长度，洞口侧壁也不增加。房屋内楼地面面积计算算至内墙内边线。

1.5.2 石材踢脚线

项目编码：011105002   项目名称：石材踢脚线

【例1-22】已知某房间踢脚线如图1-22所示，墙厚为240mm，门洞口尺寸都为900mm×2100mm，采用石材踢脚线，踢脚线高度为150mm，试根据清单工程量计算规则计算石材踢脚线工程量。

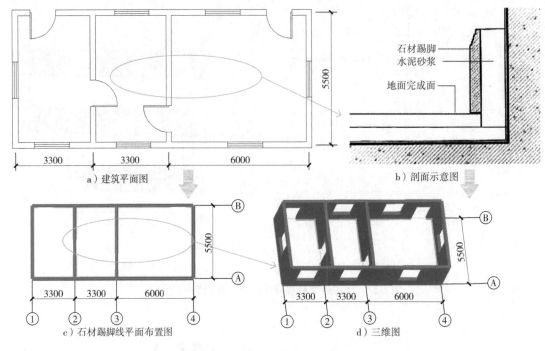

a）建筑平面图　　　　　　　　　　　　　b）剖面示意图

石材踢脚
水泥砂浆
地面完成面

c）石材踢脚线平面布置图　　　　　　　　d）三维图

图 1-22　石材踢脚线平面及三维示意图

【解】

1. 清单工程量计算规则
按设计图示尺寸以面积计算。
计量单位：m^2。

2. 工程量计算
$$S = [(3.3 - 0.24 + 5.5 - 0.24) \times 2 + (3.3 - 0.24 + 5.5 - 0.24) \times 2 + (6 - 0.24 + 5.5 - 0.24) \times 2 - 0.9 \times 4 + 0.24 \times 8] \times 0.15$$
$$= 8.04 m^2$$

式中：
$(3.3 - 0.24 + 5.5 - 0.24) \times 2$——左侧房间的周长；
$(3.3 - 0.24 + 5.5 - 0.24) \times 2$——中间房间的周长；
$(6 - 0.24 + 5.5 - 0.24) \times 2$——右侧房间的周长；
0.9×4——门洞总宽；
0.24×8——4 个门洞口的侧壁长；
0.15——踢脚线高度。

1.5.3　块料踢脚线

项目编码：011105003　　　**项目名称：块料踢脚线**

【例 1-23】已知某建筑物采用块料踢脚线如图 1-23 所示，墙厚为 240mm，M1 的尺寸为 1000mm × 2100mm，踢脚线高度为 200mm，试根据清单工程量计算规则计算块料踢脚线工程量。

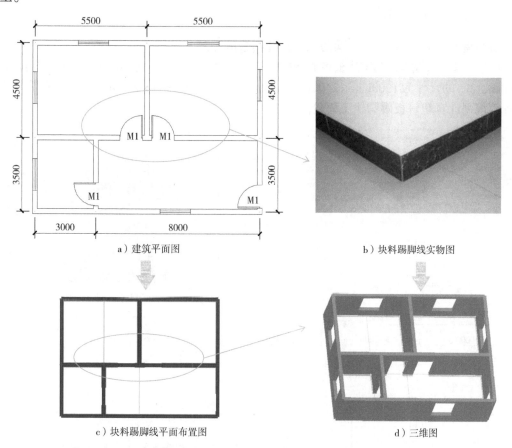

a）建筑平面图　　　　　　　　　　　　　b）块料踢脚线实物图

c）块料踢脚线平面布置图　　　　　　　　d）三维图

图1-23 块料踢脚线平面及三维示意图

【解】

1. 清单工程量计算规则

按设计图示尺寸以延长米计算。

计量单位：m。

➡

2. 工程量计算

$L = (5.5 - 0.24 + 4.5 - 0.24) \times 2 + (5.5 - 0.24 + 4.5 - 0.24) \times 2 + (3 - 0.24 + 3.5 - 0.24) \times 2 + (8 - 0.24 + 3.5 - 0.24) \times 2 - 1 \times 4 + 0.24 \times 8$

$= 70.08\text{m}$

⬇

式中：

$(5.5 - 0.24 + 4.5 - 0.24) \times 2$——左上侧房间的周长；

$(5.5 - 0.24 + 4.5 - 0.24) \times 2$——右上侧房间的周长；

$(3 - 0.24 + 3.5 - 0.24) \times 2$——左下侧房间的周长；

$(8 - 0.24 + 3.5 - 0.24) \times 2$——右下侧房间的周长；

1×4——门洞总宽；

0.24×8——4个门洞口的侧壁长。

1.5.4 塑料板踢脚线

项目编码：011105004　　项目名称：塑料板踢脚线

【例1-24】某房间内塑料板踢脚线如图 1-24 所示，墙厚为 240mm，踢脚线高度为 150mm，M1 的尺寸为 1200mm×2400mm，M2 的尺寸为 1000mm×2100mm，试根据清单工程量计算规则计算塑料板踢脚线工程量。

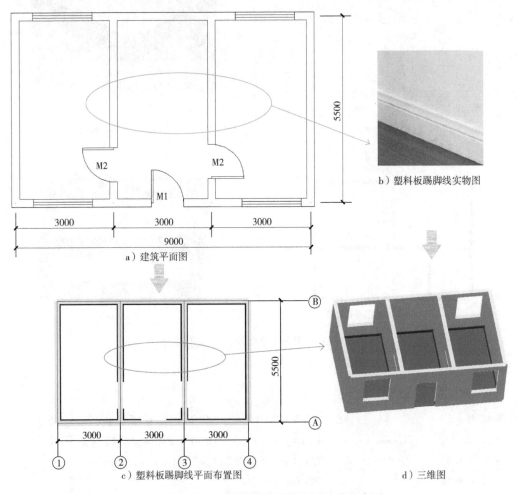

a）建筑平面图

b）塑料板踢脚线实物图

c）塑料板踢脚线平面布置图

d）三维图

图1-24　塑料板踢脚线平面及三维示意图

【解】

1. 清单工程量计算规则
按设计图示尺寸以延长米计算。
计量单位：m。

2. 工程量计算
$$L = (3 - 0.24 + 5.5 - 0.24) \times 2 + \\ (3 - 0.24 + 5.5 - 0.24) \times 2 + \\ (3 - 0.24 + 5.5 - 0.24) \times 2 - \\ 1.2 \times 2 - 1 + 0.24 \times 6 \\ = 46.16m$$

式中:

$(3 - 0.24 + 5.5 - 0.24) \times 2$——左侧房间的周长;

$(3 - 0.24 + 5.5 - 0.24) \times 2$——中间房间的周长;

$(3 - 0.24 + 5.5 - 0.24) \times 2$——右侧房间的周长;

1.2×2、1——门洞宽;

0.24×6——3 个门洞口的侧壁长。

1.5.5 木质踢脚线

项目编码: 011105005   **项目名称: 木质踢脚线**

【例1-25】某房间内踢脚线为木质踢脚线,踢脚线高为150mm,墙厚为240mm,如图1-25所示,M1 的尺寸为1200mm×2400mm,试根据清单工程量计算规则计算木质踢脚线工程量。

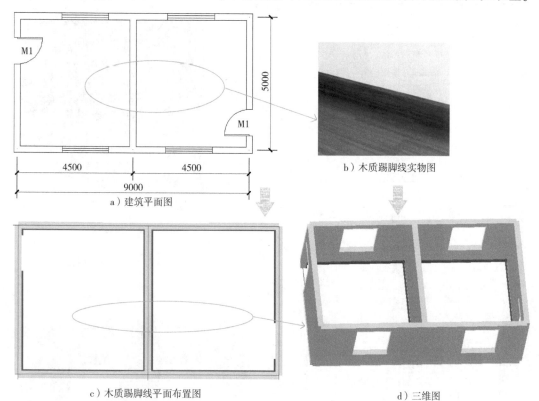

a) 建筑平面图

b) 木质踢脚线实物图

c) 木质踢脚线平面布置图

d) 三维图

图 1-25　木质踢脚线平面及三维示意图

【解】

1. 清单工程量计算规则

按设计图示尺寸以延长米计算。

计量单位: m。

2. 工程量计算

$L = (4.5 - 0.24 + 5.5 - 0.24) \times 2 + (4.5 - 0.24 + 5.5 - 0.24) \times 2 - 1.2 \times 2 + 0.24 \times 4$

$= 36.64m$

式中：

$(4.5-0.24+5.5-0.24)\times2$——左侧房间的周长；

$(4.5-0.24+5.5-0.24)\times2$——右侧房间的周长；

1.2×2——门洞宽；

0.24×4——2个门洞口的侧壁长。

1.5.6 金属踢脚线

项目编码：011105006   项目名称：金属踢脚线

【例1-26】某房屋金属踢脚线如图1-26所示，墙厚为240mm，M1的尺寸为900mm×2100mm，踢脚线高为150mm，试根据清单工程量计算规则计算金属踢脚线工程量。

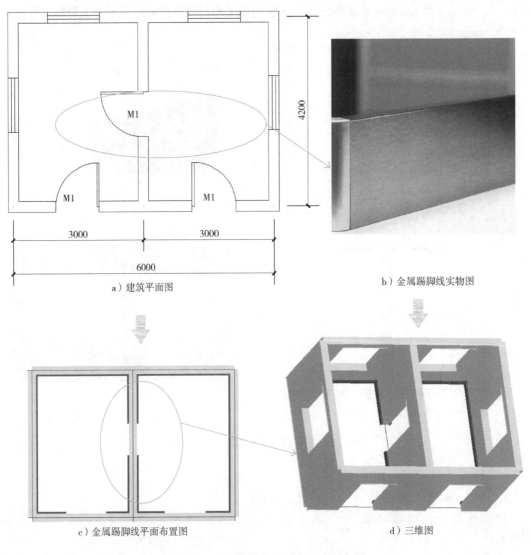

a）建筑平面图

b）金属踢脚线实物图

c）金属踢脚线平面布置图

d）三维图

图1-26 金属踢脚线平面及三维示意图

【解】

1. 清单工程量计算规则
   按设计图示尺寸以面积计算。
   计量单位：m^2。

2. 工程量计算
   $$S = [(3-0.24+4.2-0.24) \times 2 + (3-0.24+4.2-0.24) \times 2 - 0.9 \times 3 + 0.24 \times 6] \times 0.15$$
   $$= 3.84 m^2$$

式中：

$(3-0.24+4.2-0.24) \times 2$——左侧房间的周长；

$(3-0.24+4.2-0.24) \times 2$——右侧房间的周长；

0.9×3——门洞总宽；

0.24×6——3个门洞口的侧壁长；

0.15——踢脚线高度。

1.5.7 防静电踢脚线

项目编码：011105007　　项目名称：防静电踢脚线

【例1-27】某建筑房屋为防静电踢脚线，如图1-27所示，墙厚为240mm，踢脚线高为150mm，M1的尺寸为1200mm×2100mm，M2的尺寸为1000mm×2100mm，试根据清单工程量计算规则计算防静电踢脚线工程量。

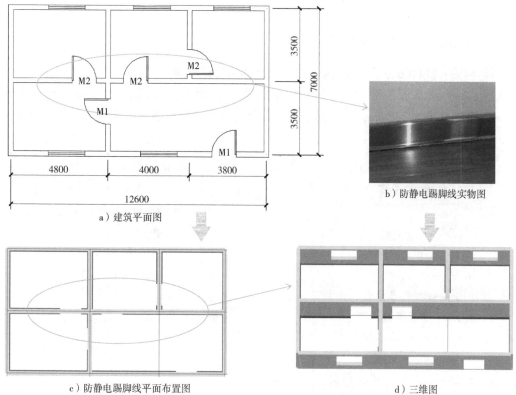

a）建筑平面图

b）防静电踢脚线实物图

c）防静电踢脚线平面布置图

d）三维图

图1-27　防静电踢脚线平面及三维示意图

【解】

1. 清单工程量计算规则

按设计图示尺寸以延长米计算。

计量单位：m。

2. 工程量计算

$L = (4.8 - 0.24 + 3.5 - 0.24) \times 2 + (4 + 3.8 - 0.24 + 3.5 - 0.24) \times 2 + (4.8 - 0.24 + 3.5 - 0.24) \times 2 + (4 - 0.24 + 3.5 - 0.24) \times 2 + (3.8 - 0.24 + 3.5 - 0.24) \times 2 - 1.2 \times 2 - 1 \times 3 + 0.24 \times 10$

$= 77.6m$

式中：

$(4.8 - 0.24 + 3.5 - 0.24) \times 2$——左下侧房间的周长；

$(4 + 3.8 - 0.24 + 3.5 - 0.24) \times 2$——右下侧房间的周长；

$(4.8 - 0.24 + 3.5 - 0.24) \times 2$——左上侧房间的周长；

$(4 - 0.24 + 3.5 - 0.24) \times 2$——中间房间的周长；

$(3.8 - 0.24 + 3.5 - 0.24) \times 2$——右上侧房间的周长。

1.2×2、1×3——门洞宽；

0.24×10——5个门洞口的侧壁长。

1.6 楼梯面层

1.6.1 水泥砂浆楼梯面层

项目编码：011106001   项目名称：水泥砂浆楼梯面层

【例1-28】某水泥砂浆楼梯面层平面如图1-28所示，墙厚为240mm，楼梯梁宽为300mm，楼梯井宽为350mm，试根据清单工程量计算规则计算水泥砂浆楼梯面层工程量。

【解】

1. 清单工程量计算规则

按设计图示尺寸以楼梯水平投影面积计算。

计量单位：m²。

2. 工程量计算

$S = (1.5 - 0.12 + 3.6 + 0.3) \times (3.65 - 0.24) - 3.6 \times 0.65$

$= 15.66m^2$

式中：

1.5——休息平台长；

0.12——墙厚的一半；

3.6——楼梯面水平投影；

0.3——楼梯梁宽；

$3.65 - 0.24$——楼梯间宽；

3.6×0.65——楼梯井面积。

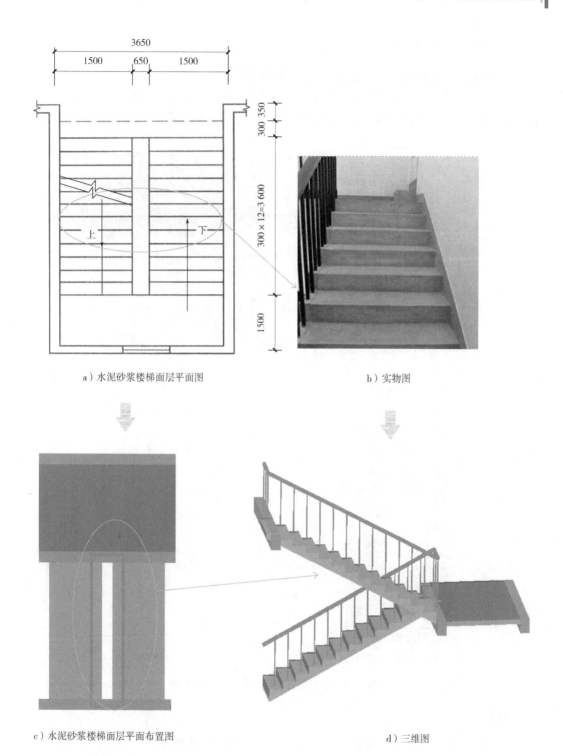

a）水泥砂浆楼梯面层平面图

b）实物图

c）水泥砂浆楼梯面层平面布置图

d）三维图

图1-28 水泥砂浆楼梯面层平面及三维示意图

注意：包括踏步、休息平台及≤500mm的楼梯井。楼梯与楼地面相连时，算至梯口梁内侧边沿；无梯口梁者，算至最上一层踏步边沿加300mm。

33

1.6.2 石材楼梯面层

项目编码：011106002 项目名称：石材楼梯面层

【例1-29】某楼梯平面如图1-29所示，设计为石材楼梯面层，墙厚为240mm，楼梯井宽为350mm，试根据清单工程量计算规则计算石材楼梯面层工程量。

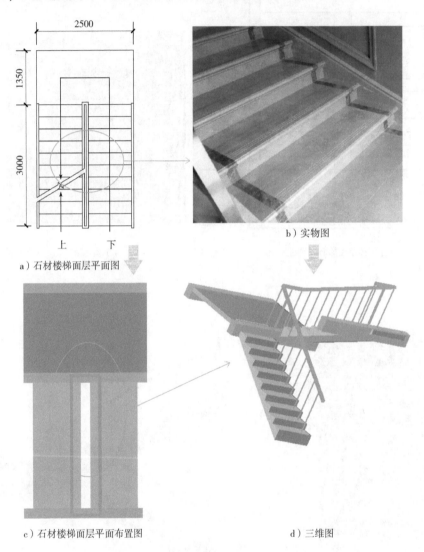

a）石材楼梯面层平面图

b）实物图

c）石材楼梯面层平面布置图

d）三维图

图1-29　石材楼梯面层平面及三维示意图

【解】

1. 清单工程量计算规则

按设计图示尺寸以楼梯水平投影面积计算。

计量单位：m²。

2. 工程量计算

$S = (1.35 + 3 - 0.12) \times (2.5 - 0.24)$

$= 9.56\text{m}^2$

式中：

1.35 + 3 − 0.12——楼梯间长度；

2.5 − 0.24——楼梯间宽。

注意：包括踏步、休息平台及≤500mm的楼梯井。楼梯与楼地面相连时，算至梯口梁内侧边沿；无梯口梁者，算至最上一层踏步边沿加300mm。

1.6.3　块料楼梯面层

项目编码：011106003　　项目名称：块料楼梯面层

【例1-30】某房屋楼梯平面如图1-30所示，设计为块料楼梯面层，墙厚为240mm，楼梯井宽为350mm，试根据清单工程量计算规则计算块料楼梯面层工程量。

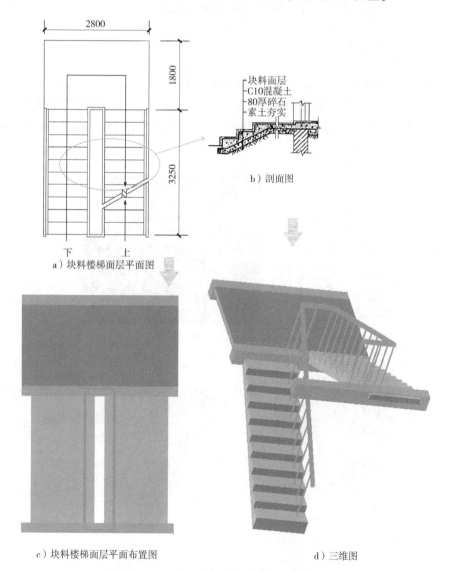

a）块料楼梯面层平面图

b）剖面图

c）块料楼梯面层平面布置图

d）三维图

图1-30　块料楼梯面层平面及三维示意图

【解】

1. 清单工程量计算规则
   按设计图示尺寸以楼梯水平投影面积计算。
   计量单位：m²。

→

2. 工程量计算
   $S = (1.8 + 3.25 - 0.12) \times (2.8 - 0.24)$
   $= 12.62\text{m}^2$

↓

式中：

1.8 + 3.25 − 0.12——楼梯间长度；

2.8 − 0.24——楼梯间宽。

注意：包括踏步、休息平台及≤500mm 的楼梯井。楼梯与楼地面相连时，算至梯口梁内侧边沿；无梯口梁者，算至最上一层踏步边沿加 300mm。

1.6.4 地毯楼梯面层

项目编码：011106004   项目名称：地毯楼梯面层

【例 1-31】某房屋装饰工程楼梯装饰平面如图 1-31 所示，设计为地毯楼梯面层，墙厚为 240mm，楼梯踏步宽为 300mm，踏步高为 150mm，楼梯井宽为 350mm，试根据清单工程量计算规则计算地毯楼梯面层工程量。

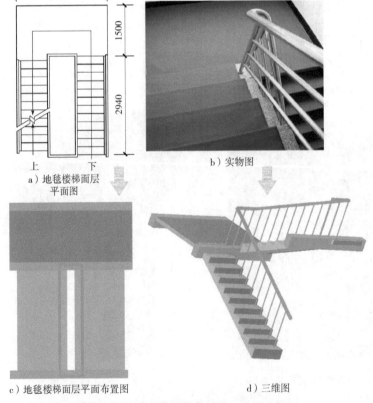

a）地毯楼梯面层
平面图

b）实物图

c）地毯楼梯面层平面布置图

d）三维图

图 1-31　地毯楼梯面层平面及三维示意图

【解】

1. 清单工程量计算规则

按设计图示尺寸以楼梯水平投影面积计算。

计量单位：m^2。

2. 工程量计算

$S = (1.5 + 2.94 - 0.12) \times (2.8 - 0.24)$

$= 11.06 m^2$

式中：

$1.5 + 2.94 - 0.12$——楼梯间长度；

$2.8 - 0.24$——楼梯间宽。

注意：包括踏步、休息平台及≤500mm 的楼梯井。楼梯与楼地面相连时，算至梯口梁内侧边沿；无梯口梁者，算至最上一层踏步边沿加 300mm。

1.6.5 木板楼梯面层

项目编码：011106005　　项目名称：**木板楼梯面层**

【例1-32】某建筑工程楼梯装饰平面如图 1-32 所示，梯口梁截面宽为 240mm，高为 300mm；楼梯踏步宽为 300mm；踏步高为 150mm，楼梯地面装饰做法：20mm 厚 1:2 水泥砂浆找平层，实木面层，墙体厚为 240mm，楼梯井宽为 350mm，试根据清单工程量计算规则计算实木楼梯面层工程量。

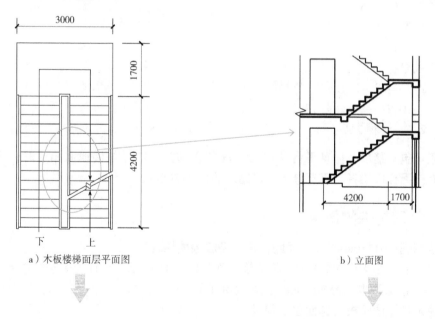

a）木板楼梯面层平面图　　　　　　　　　b）立面图

图 1-32　木板楼梯面层平面及三维示意图

c）木板楼梯面层平面布置图　　　　　　　　　d）三维图

图 1-32　木板楼梯面层平面及三维示意图（续）

【解】

1. 清单工程量计算规则	2. 工程量计算
按设计图示尺寸以楼梯水平投影面积计算。	$S = (1.7 + 4.2 - 0.12) \times (3 - 0.24) \times 2$
计量单位：m^2。	$= 31.91 m^2$

式中：

$1.7 + 4.2 - 0.12$——楼梯间长度；

$3 - 0.24$——楼梯间宽；

2——楼梯 2 层。

注意：包括踏步、休息平台及 ≤500mm 的楼梯井。楼梯与楼地面相连时，算至梯口梁内侧边沿；无梯口梁者，算至最上一层踏步边沿加 300mm。

1.6.6　橡胶板楼梯面层

项目编码：011106006　　项目名称：橡胶板楼梯面层

【例 1-33】某房屋装饰工程楼梯装饰平面如图 1-33 所示，设计为橡胶板楼梯面层，墙厚为 240mm，楼梯踏步宽为 300mm，踏步高为 150mm，楼梯井宽为 350mm，试根据清单工程量计算规则计算橡胶板楼梯面层工程量。

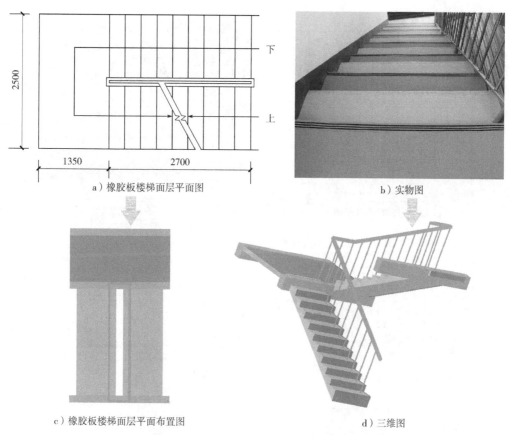

a）橡胶板楼梯面层平面图

b）实物图

c）橡胶板楼梯面层平面布置图

d）三维图

图 1-33 橡胶板楼梯面层平面及三维示意图

【解】

1. 清单工程量计算规则
按设计图示尺寸以楼梯水平投影面积计算。
计量单位：m²。

2. 工程量计算
$S = (1.35 + 2.7 - 0.12) \times (2.5 - 0.24)$
$= 8.88 \text{m}^2$

式中：

1.35 + 2.7 - 0.12——楼梯间长度；

2.5 - 0.24——楼梯间宽。

注意：包括踏步、休息平台及≤500mm 的楼梯井。楼梯与楼地面相连时，算至梯口梁内侧边沿；无梯口梁者，算至最上一层踏步边沿加 300mm。

1.6.7 塑料板楼梯面层

项目编码：011106007　　　项目名称：塑料板楼梯面层

【例 1-34】某房屋楼梯平面如图 1-34 所示，设计为塑料板楼梯面层，墙厚为 240mm，楼梯踏步宽为 300mm，踏步高为 150mm，楼梯井宽为 350mm，试根据清单工程量计算规则计算工程量。

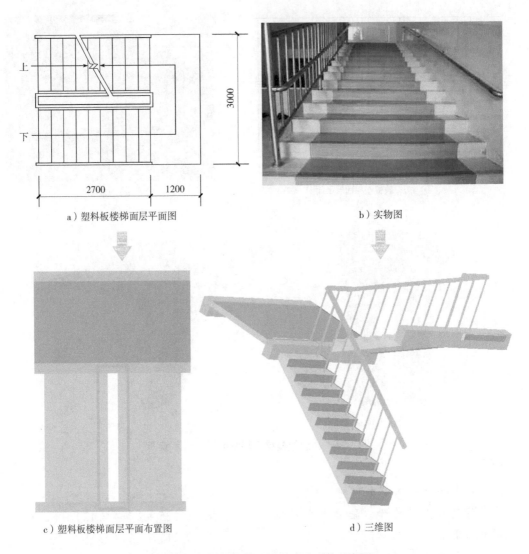

a）塑料板楼梯面层平面图　　　　　　　　b）实物图

c）塑料板楼梯面层平面布置图　　　　　　d）三维图

图1-34　塑料板楼梯面层平面及三维示意图

【解】

1. 清单工程量计算规则
按设计图示尺寸以楼梯水平投影面积计算。
计量单位：m²。

2. 工程量计算
$S = (1.2 + 2.7 - 0.12) \times (3 - 0.24)$
$= 10.43\text{m}^2$

式中：
$1.2 + 2.7 - 0.12$——楼梯间长度；
$3 - 0.24$——楼梯间宽。

注意：包括踏步、休息平台及≤500mm的楼梯井。楼梯与楼地面相连时，算至梯口梁内侧边沿；无梯口梁者，算至最上一层踏步边沿加300mm。

1.7　台阶装饰

1.7.1　水泥砂浆台阶面

项目编码：011107001　项目名称：水泥砂浆台阶面

【例1-35】某住宅房屋门前台阶如图1-35所示，台阶为水泥砂浆台阶，踏步宽为300mm，踏步高为150mm，试根据清单工程量计算规则计算工程量。

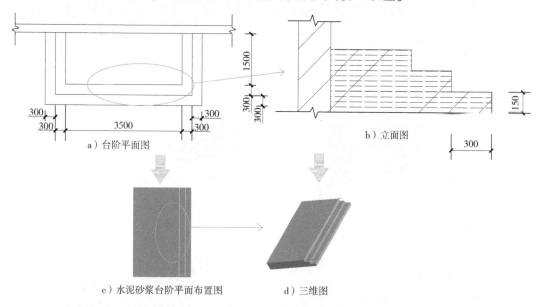

图1-35　水泥砂浆台阶面平面及三维示意图

【解】

1. 清单工程量计算规则

按设计图示尺寸以台阶水平投影面积计算。

计量单位：m^2。

2. 工程量计算

$S = (3.5 + 0.3 \times 4) \times (1.5 + 0.3 \times 2) - (3.5 - 0.3 \times 2) \times (1.5 - 0.3)$

$= 6.39 m^2$

式中：

$3.5 + 0.3 \times 4$——台阶长度；

$1.5 + 0.3 \times 2$——台阶宽度；

$3.5 - 0.3 \times 2$——平台部分长度；

$1.5 - 0.3$——平台宽度。

注意：台阶面层计算时要增加上最上层踏步边沿加300mm的面积。

1.7.2　石材台阶面

项目编码：011107002　　项目名称：石材台阶面

【例1-36】某学校办公室入口台阶如图1-36所示，台阶为石材台阶面，试根据清单工程量计算规则计算工程量。

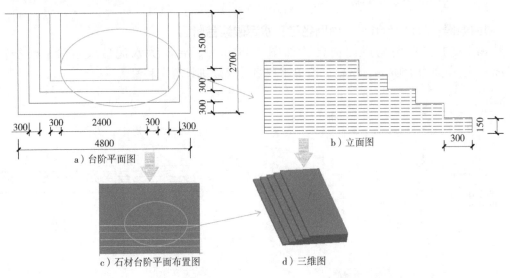

图1-36　石材台阶面平面及三维示意图

【解】

1. 清单工程量计算规则
按设计图示尺寸以台阶水平投影面积计算。
计量单位：m^2。

2. 工程量计算
$$S = (2.4 + 0.3 \times 8) \times (1.5 + 0.3 \times 4) - (2.4 - 0.3 \times 2) \times (1.5 - 0.3)$$
$$= 10.8 m^2$$

式中：
$2.4 + 0.3 \times 8$——台阶长度；
$1.5 + 0.3 \times 4$——台阶宽度；
$2.4 - 0.3 \times 2$——平台部分长度；
$1.5 - 0.3$——平台宽度。

注意：台阶面层计算时要增加上最上层踏步边沿加300mm的面积。

1.7.3　拼碎块料台阶面

项目编码：011107003　　项目名称：拼碎块料台阶面

【例1-37】某超市入口台阶如图1-37所示，台阶为拼碎块料台阶面，试根据清单工程量计算规则计算工程量。

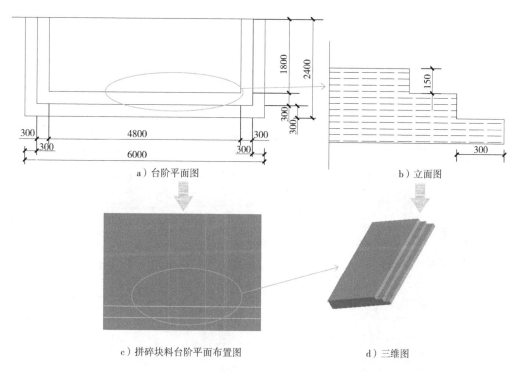

a) 台阶平面图   b) 立面图

c) 拼碎块料台阶平面布置图   d) 三维图

图 1-37 拼碎块料台阶面平面及三维示意图

【解】

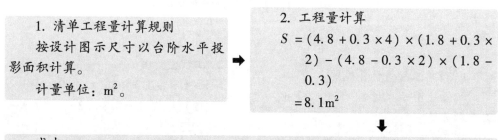

1. 清单工程量计算规则

按设计图示尺寸以台阶水平投影面积计算。

计量单位: m^2。

2. 工程量计算

$$S = (4.8 + 0.3 \times 4) \times (1.8 + 0.3 \times 2) - (4.8 - 0.3 \times 2) \times (1.8 - 0.3)$$
$$= 8.1 m^2$$

式中:

$(4.8 + 0.3 \times 4)$——台阶长度;

$(1.8 + 0.3 \times 2)$——台阶宽度;

$(4.8 - 0.3 \times 2)$——平台部分长度;

$(1.8 - 0.3)$——平台宽度。

注意: 台阶面层计算时要增加上最上层踏步边沿加 300mm 的面积。

1.7.4 块料台阶面

项目编码: 011107004   项目名称: **块料台阶面**

【例 1-38】某住宅建筑物房间门前入口台阶如图 1-38 所示, 踏步宽为 300mm, 踏步高为 150mm, 台阶为块料台阶面, 试根据清单工程量计算规则计算工程量。

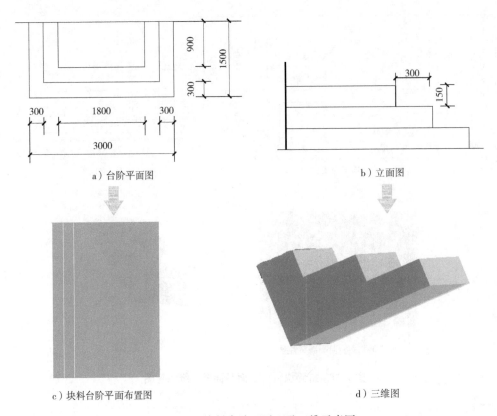

a）台阶平面图　　　　　　　　　　b）立面图

c）块料台阶平面布置图　　　　　　　d）三维图

图 1-38　块料台阶面平面及三维示意图

【解】

1. 清单工程量计算规则

按设计图示尺寸以台阶水平投影面积计算。

计量单位：m²。

2. 工程量计算

$$S = (1.8 + 0.3 \times 4) \times (0.9 + 0.3 \times 2) - (1.8 - 0.3 \times 2) \times (0.9 - 0.3)$$

$$= 3.78 \text{m}^2$$

式中：

1.8 + 0.3 × 4——台阶长度；

0.9 + 0.3 × 2——台阶宽度；

1.8 - 0.3 × 2——平台部分长度；

0.9 - 0.3——平台宽度。

注意：台阶面层计算时要增加上最上层踏步边沿加 300mm 的面积。

1.7.5　剁假石台阶面

项目编码：011107005　　项目名称：剁假石台阶面

【例 1-39】某建筑物门前台阶如图 1-39 所示，台阶为剁假石台阶面，踏步宽为 300mm，踏步高为 150mm，试根据清单工程量计算规则计算工程量。

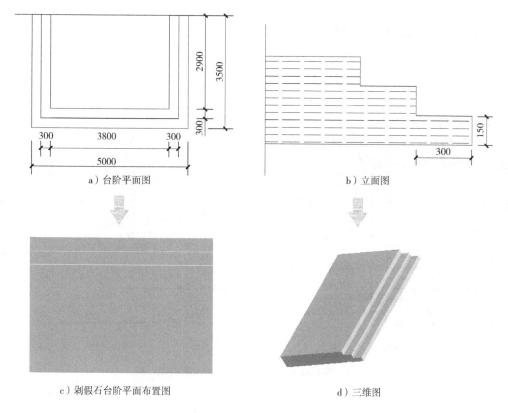

a）台阶平面图　　　　　　　　　　b）立面图

c）剁假石台阶平面布置图　　　　　d）三维图

图 1-39　剁假石台阶面平面及三维示意图

【解】

1. 清单工程量计算规则

按设计图示尺寸以台阶水平投影面积计算。

计量单位：m^2。

2. 工程量计算

$S = (3.8 + 0.3 \times 4) \times (2.9 + 0.3 \times 2) - (3.8 - 0.3 \times 2) \times (2.9 - 0.3)$

$= 9.18 m^2$

式中：

3.8 + 0.3 × 4——台阶长度；

2.9 + 0.3 × 2——台阶宽度；

3.8 - 0.3 × 2——平台部分长度；

2.9 - 0.3——平台宽度。

注意：台阶面层计算时要增加上最上层踏步边沿加 300mm 的面积。

1.8 零星装饰项目

1.8.1 石材零星项目

项目编码：011108001　项目名称：石材零星项目

【例1-40】某台阶及两端挡墙如图1-40所示，采用为石材面，试根据清单工程量计算规则计算零星项目工程量。

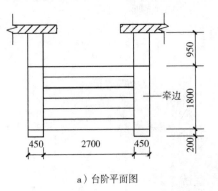

a）台阶平面图

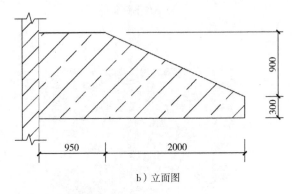

b）立面图

图1-40　某台阶及两端挡墙示意图

【解】

1. 清单工程量计算规则
按设计图示尺寸以面积计算。
计量单位：m²。

→

2. 工程量计算
$$S = (0.3 + \sqrt{2^2 + 0.9^2} + 0.95) \times 0.45 \times 2$$
$$= 3.10\text{m}^2$$

↓

式中：

$0.3 + \sqrt{2^2 + 0.9^2} + 0.95$——台阶牵边长度；

0.45——牵边宽度；

2——牵边数量。

1.8.2 拼碎石材零星项目

项目编码：011108002　项目名称：拼碎石材零星项目

【例1-41】某建筑内楼梯如图1-41所示，楼梯面层采用拼碎石材，楼梯侧面也用拼碎石材，试根据清单工程量计算规则计算楼梯侧面工程量。

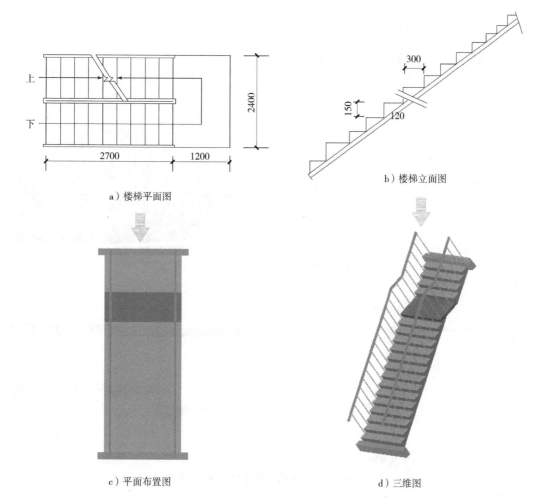

a）楼梯平面图

b）楼梯立面图

c）平面布置图

d）三维图

图1-41　某建筑内楼梯示意图

【解】

1. 清单工程量计算规则

按设计图示尺寸以面积计算。

计量单位：m^2。

2. 工程量计算

$$S = \left[\sqrt{2.7^2 + (0.15 \times 12)^2} \times 0.12 + 0.15 \times 0.3 \times 12 \times \frac{1}{2} \right] \times 2$$

$$= 1.32 m^2$$

式中：

$\sqrt{2.7^2 + (0.15 \times 12)^2}$——梯段板梯井侧面积；

$0.15 \times 0.3 \times 12 \times \frac{1}{2}$——踏步梯井处侧面积之和；

2——梯井两侧个数。

1.8.3　块料零星项目

项目编码：011108003　　项目名称：块料零星项目

【例1-42】某房间建筑的底层平面图如图1-42所示，墙厚为240mm，试根据清单工程量计算规则计算散水块料零星项目工程量。

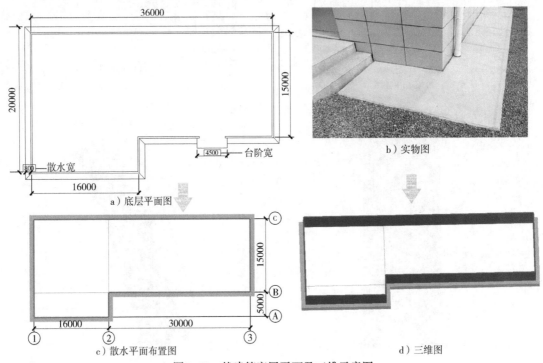

a）底层平面图

b）实物图

c）散水平面布置图

d）三维图

图1-42　某建筑底层平面及三维示意图

【解】

1. 清单工程量计算规则
按设计图示尺寸以面积计算。
计量单位：m²。

2. 工程量计算
$$S = [(20 + 0.24 + 36 + 0.24) \times 2 - 4.5 + 0.8 \times 4] \times 0.8$$
$$= 89.32\text{m}^2$$

式中：

$(20 + 0.24 + 36 + 0.24) \times 2$——房屋外边线长；

4.5——台阶宽度；

0.8×4——4个散水的总宽；

0.8——散水的宽度。

1.8.4　水泥砂浆零星项目

项目编码：011108004　　项目名称：水泥砂浆零星项目

【例1-43】某房间建筑物平面图如图1-43所示，墙厚为240mm，试根据清单工程量计算规则计算散水水泥砂浆零星项目工程量。

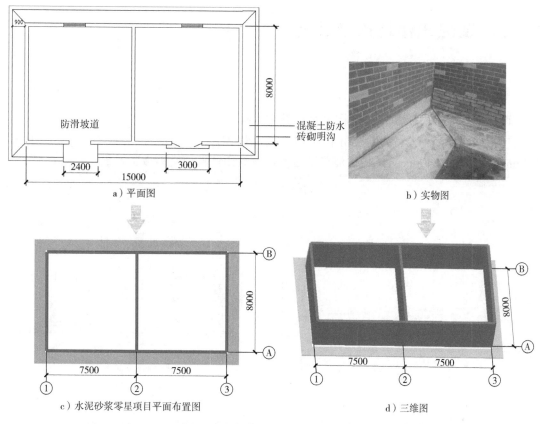

图1-43 某建筑平面及三维示意图

【解】

1. 清单工程量计算规则
按设计图示尺寸以面积计算。
计量单位：m^2。

2. 工程量计算

$L = (15 + 0.24 + 8 + 0.24) \times 2 + 0.9 \times 4 - 2.4 - 3$
$= 45.16m$

$S = 45.16 \times 0.9 = 40.64m^2$

式中：

$(15 + 0.24 + 8 + 0.24) \times 2$——房屋外边线长；

0.9×4——4个散水的总宽；

2.4——防滑坡道宽；

3——台阶宽；

0.9——散水的宽度。

1.9 装配式楼地面及其他

1.9.1 架空地板

项目编码：011109001   项目名称：架空地板

【例1-44】某学校计算机室如图1-44所示，房间铺设架空地板，门洞尺寸均为900mm×2100mm，墙厚为240mm，试根据清单工程量计算规则计算架空地板工程量。

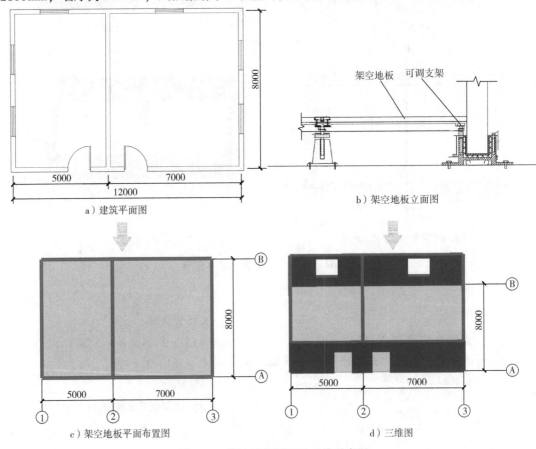

a）建筑平面图

b）架空地板立面图

c）架空地板平面布置图

d）三维图

图1-44 架空地板平面及三维示意图

【解】

1. 清单工程量计算规则
按设计图示尺寸以面积计算。
计量单位：m²。

2. 工程量计算
$S = (5-0.24) \times (8-0.24) + (7-0.24) \times (8-0.24) + 0.9 \times 0.24 \times 2$
$= 89.83 \text{m}^2$

式中：

$(5-0.24)\times(8-0.24)$——左侧房间楼地面面积；

$(5-0.24)\times(8-0.24)$——右侧房间楼地面面积；

$0.9\times0.24\times2$——2个门洞口楼地面面积。

注意：门洞、空圈、暖气包槽、壁龛的开口部分并入相应的工程量内。

1.9.2 卡扣式踢脚线

项目编码：011109002　　项目名称：卡扣式踢脚线

【例1-45】某房间内踢脚线为卡扣式踢脚线，踢脚线高为150mm，墙厚为240mm，M1的尺寸为1200mm×2400mm，如图1-45所示，试根据清单工程量计算规则计算踢脚线工程量。

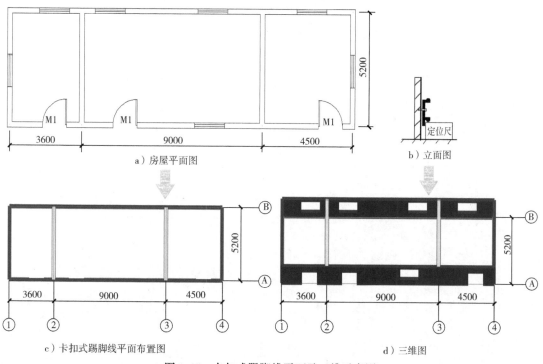

a）房屋平面图　　　　　　　　　b）立面图

c）卡扣式踢脚线平面布置图　　　　　d）三维图

图1-45　卡扣式踢脚线平面及三维示意图

【解】

1. 清单工程量计算规则

按设计图示尺寸以延长米计算。

计量单位：m。

➡

2. 工程量计算

$L = (3.6-0.24+5.2-0.24)\times2 +$
$(9-0.24+5.2-0.24)\times2 +$
$(4.5-0.24+5.2-0.24)\times2 -$
$1.2\times3+0.24\times6$
$=60.36\mathrm{m}$

⬇

式中：

$(3.6 - 0.24 + 5.2 - 0.24) \times 2$——左侧房间的周长；

$(9 - 0.24 + 5.2 - 0.24) \times 2$——中间房间的周长；

$(4.5 - 0.24 + 5.2 - 0.24) \times 2$——右侧房间的周长；

1.2×3——门洞总宽；

0.24×6——3 个门洞口的侧壁长。

第2章 墙、柱面装饰与隔断、幕墙工程

2.1 墙、柱面抹灰

2.1.1 墙、柱面一般抹灰

项目编码： 011201001　　　**项目名称：墙、柱面一般抹灰**

【例2-1】某房屋平面图如图 2-1 所示，内墙墙面进行一般抹灰，墙高为 3.0m，踢脚线高为 150mm，C1 为 1500mm×1800mm，离地 0.9m，M1 为 900mm×2100mm，计算该房屋内墙面一般抹灰工程量。

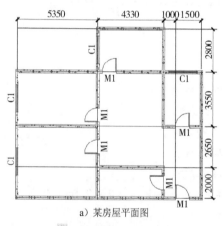

a）某房屋平面图

b）墙面一般抹灰示意图

c）某房屋平面布置图

d）某房屋三维图

图 2-1　内墙面一般抹灰

53

【解】

1. 清单工程量计算规则

　　按设计图示尺寸以面积计算。

　　计量单位：m^2。

2. 工程量计算

$S_{主卧} = (5.35 - 0.24 + 2 + 2.65 - 0.24) \times 2 \times 3.0 - 0.9 \times 2.1 - 1.5 \times 1.8 = 52.53 m^2$

$S_{大次卧} = (5.35 - 0.24 + 3.55 - 0.24) \times 2 \times 3.0 - 0.9 \times 2.1 - 1.5 \times 1.8 = 45.93 m^2$

$S_{小次卧} = (2.8 - 0.24 + 4.33 - 0.24) \times 2 \times 3.0 - 0.9 \times 2.1 - 1.5 \times 1.8 = 35.31 m^2$

$S_{厨房} = (2.5 - 0.24 + 3.55 - 0.24) \times 2 \times 3.0 - 0.9 \times 2.1 - 1.5 \times 1.8 = 28.83 m^2$

$S_{卫生间} = (2 - 0.24 + 4.33 - 0.24) \times 2 \times 3.0 - 0.9 \times 2.1 = 33.21 m^2$

$S_{餐厅、客厅} = (4.33 - 0.24 + 3.55 + 2.65 - 0.24 + 4.33 + 2 + 2.5 - 0.24 + 2 + 2.65 - 0.24 + 2.5 + 3.55) \times 3.0 - 0.9 \times 2.1 \times 6 = 75.96 m^2$

$S = S_{主卧} + S_{大次卧} + S_{小次卧} + S_{厨房} + S_{卫生间} + S_{餐厅、客厅} = 271.77 m^2$

式中：

$(5.35 - 0.24 + 2 + 2.65 - 0.24) \times 2$——主卧内墙长度；

$(5.35 - 0.24 + 3.55 - 0.24) \times 2$——大次卧内墙长度；

$(2.8 - 0.24 + 4.33 - 0.24) \times 2$——小次卧内墙长度；

$(2.5 - 0.24 + 3.55 - 0.24) \times 2$——厨房内墙长度；

$(2 - 0.24 + 4.33 - 0.24) \times 2$——卫生间内墙长度；

$(4.33 - 0.24 + 3.55 + 2.65 - 0.24 + 4.33 + 2 + 2.5 - 0.24 + 2 + 2.65 - 0.24 + 2.5 + 3.55)$——客厅、餐厅内墙长度；

0.9×2.1——M1所占面积；

1.5×1.8——C1所占面积。

　　注意：扣除墙裙、门窗洞口及单个 >0.3m² 的孔洞面积，不扣除踢脚线、挂镜线和墙与构件交接处的面积，门窗洞口和孔洞的侧壁及顶面不增加面积；附墙柱、梁、垛、烟囱侧壁并入相应的墙面面积内；展开宽度 >300mm 的装饰线条，按图示尺寸以展开面积并入相应墙面、墙裙内。

2.1.2　墙、柱面装饰抹灰

项目编码：011201002　　项目名称：墙、柱面装饰抹灰

【例2-2】某建筑平面图如图2-2所示，M1的尺寸为 1500mm×2100mm，M2的尺寸为 900mm×2100mm，墙厚为240mm，墙高为3.0m，计算室内墙面装饰抹灰工程量。

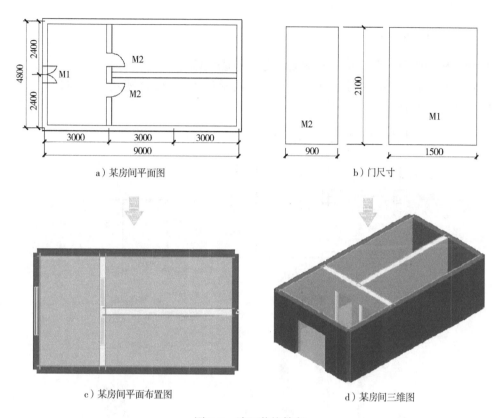

a）某房间平面图　　　　　　　　　　　　b）门尺寸

c）某房间平面布置图　　　　　　　　　　d）某房间三维图

图 2-2　墙面装饰抹灰

【解】

1. 清单工程量计算规则
按设计图示尺寸以面积计算。
计量单位：m²。

2. 工程量计算
$$S = \left[(6 - 0.24 + 2.4 - 0.24) \times 2 \times 3.0 - (0.9 \times 2.1) \right] \times 2 + (3 - 0.24 + 4.8 - 0.24) \times 2 \times 3.0 - (1.5 \times 2.1) - (0.9 \times 2.1) \times 2$$
$$= 128.25 \text{m}^2$$

式中：

$\left[(6 - 0.24 + 2.4 - 0.24) \times 2 \times 3.0 - (0.9 \times 2.1) \right] \times 2$——右边房间装饰抹灰面积；

$(3 - 0.24 + 4.8 - 0.24) \times 2 \times 3.0 - (1.5 \times 2.1) - (0.9 \times 2.1) \times 2$——左边房间装饰抹灰面积。

注意：扣除墙裙、门窗洞口及单个 >0.3m² 的孔洞面积，不扣除踢脚线、挂镜线和墙与构件交接处的面积，门窗洞口和孔洞的侧壁及顶面不增加面积；附墙柱、梁、垛、烟囱侧壁并入相应的墙面面积内；展开宽度 >300mm 的装饰线条，按图示尺寸以展开面积并入相应墙面、墙裙内。

2.1.3 墙、柱面勾缝

项目编码：011201003   项目名称：墙、柱面勾缝

【例2-3】某建筑中的首层大厅设柱9根，柱示意图如图2-3所示，柱高为4.0m，试计算其柱面勾缝工程量。

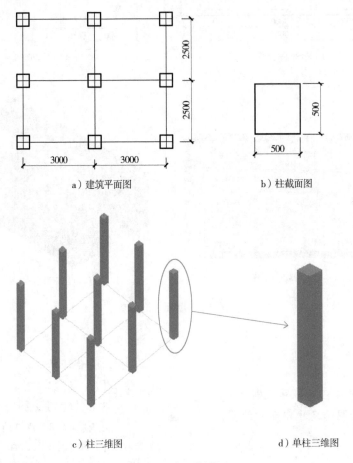

a）建筑平面图

b）柱截面图

c）柱三维图

d）单柱三维图

图2-3　柱面勾缝

【解】

1. 清单工程量计算规则	2. 工程量计算
按设计图示尺寸以面积计算。	$S = 0.5 \times 4 \times 4.0 \times 9$
计量单位：m²。	$= 72.00 \text{m}^2$

式中：

0.5×4——柱截面周长；

4.0——柱高度；

9——柱子数量。

注意：扣除墙裙、门窗洞口及单个 >0.3m² 的孔洞面积，不扣除踢脚线、挂镜线和墙与构件交接处的面积，门窗洞口和孔洞的侧壁及顶面不增加面积；附墙柱、梁、垛、烟囱侧壁并入相应的墙面面积内；展开宽度 >300mm 的装饰线条，按图示尺寸以展开面积并入相应墙面、墙裙内。

2.1.4 墙、柱面砂浆找平层

项目编码：011201004　　项目名称：墙、柱面砂浆找平层

【例2-4】某房间平面图如图2-4所示，房间开间为5m，进深8m，M的尺寸为1000mm×2100mm，C的尺寸为1500mm×1800mm，墙厚为240mm，墙高为3.0m，计算内墙面A砂浆找平层工程量。

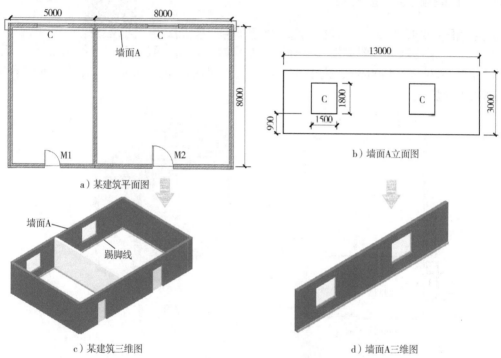

a) 某建筑平面图

b) 墙面A立面图

c) 某建筑三维图

d) 墙面A三维图

图2-4　墙面砂浆找平

【解】

1. 清单工程量计算规则
按设计图示尺寸以面积计算。
计量单位：m²。

2. 工程量计算
$$S = (5 - 0.24 + 8 - 0.24) \times 3.0 - (1.8 \times 1.5) \times 2$$
$$= 32.16 \text{m}^2$$

式中：
$5 - 0.24 + 8 - 0.24$——房间内墙A净长线长度；
3.0——墙面A高度；
$(1.8 \times 1.5) \times 2$——C所占面积。

注意：扣除墙裙、门窗洞口及单个 >0.3m² 的孔洞面积，不扣除踢脚线、挂镜线和墙与构件交接处的面积，门窗洞口和孔洞的侧壁及顶面不增加面积；附墙柱、梁、垛、烟囱侧壁并入相应的墙面面积内；展开宽度 >300mm 的装饰线条，按图示尺寸以展开面积并入相应墙面、墙裙内。

2.2 零星抹灰

2.2.1 零星项目一般抹灰

项目编码：011202001　　项目名称：零星项目一般抹灰

【例 2-5】某建筑平面图如图 2-5 所示，外墙墙面采用一般抹灰，房间 A 设有一飘窗，洞口尺寸为 1800mm×1500mm，挑出 800mm，上下飘窗板厚为 100mm，计算该飘窗板室外零星抹灰工程量。

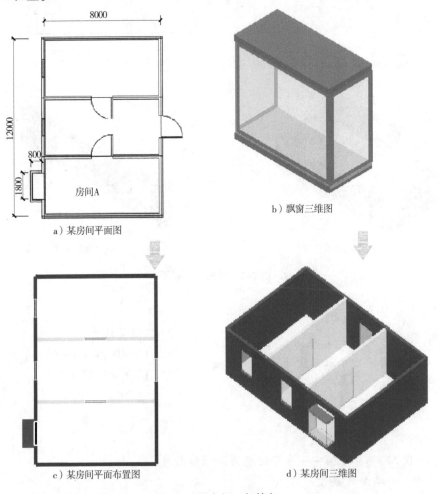

a）某房间平面图

b）飘窗三维图

c）某房间平面布置图

d）某房间三维图

图 2-5　飘窗板一般抹灰

【解】

1. 清单工程量计算规则
按设计图示尺寸以面积计算。
计量单位：m²。

2. 工程量计算
$S = (0.8 \times 1.8 + 0.8 \times 0.1 \times 2 + 1.8 \times 0.1) \times 2$
$= 3.56\text{m}^2$

式中：
0.8×1.8——飘窗板上表面面积；
$0.8 \times 0.1 \times 2$——短边侧面面积；
1.8×0.1——长边侧面面积。

2.2.2 零星项目装饰抹灰

项目编码：011202002　　项目名称：零星项目装饰抹灰

【例2-6】某房屋屋面如图2-6所示，四周设天沟排水，天沟内部做防水，外部做装饰抹灰，天沟全长83.2m，计算该天沟零星项目装饰抹灰工程量。

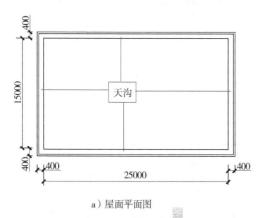

a）屋面平面图

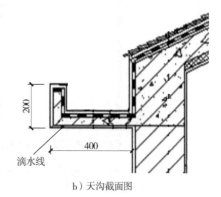

b）天沟截面图

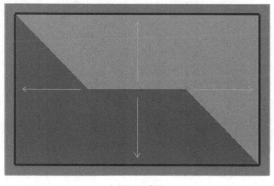

c）屋面示意图

d）天沟三维图

图2-6 天沟装饰抹灰

【解】

1. 清单工程量计算规则
按设计图示尺寸以面积计算。
计量单位：m²。

➡

2. 工程量计算
$S = 83.2 \times 0.4 + 83.2 \times 0.2$
$= 49.92 \text{m}^2$

⬇

式中：
83.2×0.4——天沟底部面积；
83.2×0.2——天沟侧边面积。

2.2.3 零星项目砂浆找平

项目编码：011202003   项目名称：零星项目砂浆找平

【例2-7】某阳台平面图如图 2-7 所示，墙厚为 240mm，阳台挑出 1500mm，板厚为 100mm，计算该阳台板底面水泥砂浆找平工程量。

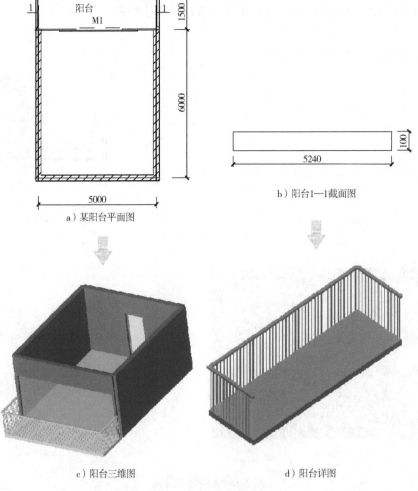

a）某阳台平面图

b）阳台1—1截面图

c）阳台三维图

d）阳台详图

图 2-7　阳台板砂浆找平

【解】

1. 清单工程量计算规则

按设计图示尺寸以面积计算。

计量单位：m^2。

2. 工程量计算

$S = (5 + 0.24) \times 1.5$

$= 7.86 m^2$

式中：

$5 + 0.24$——阳台长度；

1.5——阳台挑出宽度。

2.3　墙、柱面块料面层

2.3.1　石材墙、柱面

项目编码：011203001　　项目名称：石材墙、柱面

【例2-8】某房间平面图如图2-8所示，主卧（不包含主卫）、次卧内墙面采用湿贴石材墙面，做法如图2-8b所示，墙厚为240mm，墙高为3.0m，C3的尺寸为1800mm×2000mm，窗台内侧壁铺贴100mm，M1为成品门带门套（不增加石材墙面面积），尺寸为900mm×2100mm，瓷砖踢脚线高为150mm，计算主卧及次卧内墙石材墙面工程量。

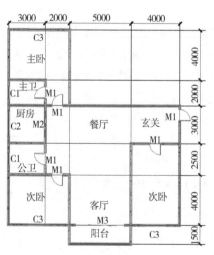

a）某房间平面图

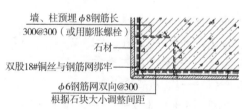

墙、柱预埋φ8钢筋长

300@300（或用膨胀螺栓）

石材

双股18#铜丝与钢筋网绑牢

φ6钢筋网双向@300

根据石块大小调整间距

b）石材墙面构造图

图2-8　石材墙面

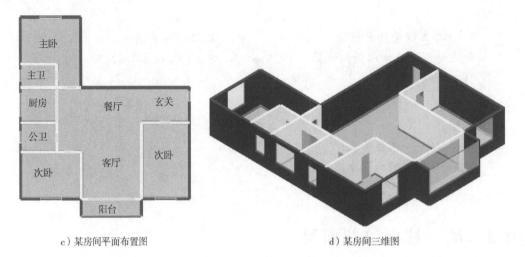

c）某房间平面布置图　　　　　　　　　　d）某房间三维图

图 2-8　石材墙面（续）

【解】

1. 清单工程量计算规则

石材墙、柱面：按镶贴表面积计算。

计量单位：m²。

2. 工程量计算

$S = (5 - 0.24 + 4 - 0.24 + 3 + 2 + 2 - 0.24 + 6 - 0.24) \times 3.0 - 0.9 \times 2.1 \times 2 - 1.8 \times 2 + (1.8 + 2) \times 2 \times 0.1 - [(5 - 0.24 + 4 - 0.24 + 3 + 2 + 2 - 0.24 + 6 - 0.24) - 0.9 \times 2] \times 0.15 + (4 - 0.24 + 5 - 0.24) \times 2 \times 3.0 - 0.9 \times 2.1 - 1.8 \times 2 + (1.8 + 2) \times 2 \times 0.1 - [(4 - 0.24 + 5 - 0.24) \times 2 - 0.9] \times 0.15 + (4 - 0.24 + 6.5 - 0.24) \times 2 \times 3.0 - 0.9 \times 2.1 - 1.8 \times 2 + (1.8 + 2) \times 2 \times 0.1 - [(4 - 0.24 + 6.5 - 0.24) \times 2 - 0.9] \times 0.15$

$= 149.98 \text{m}^2$

式中：

$(5 - 0.24 + 4 - 0.24 + 3 + 2 + 2 - 0.24 + 6 - 0.24) \times 3.0$——主卧内墙面积；

0.9×2.1——M1 所占面积；

1.8×2——C3 所占面积；

$[(5 - 0.24 + 4 - 0.24 + 3 + 2 + 2 - 0.24 + 6 - 0.24) - 0.9 \times 2] \times 0.15$——主卧踢脚线所占面积；

$(4 - 0.24 + 5 - 0.24) \times 2 \times 3.0$——左次卧内墙面积；

$[(4 - 0.24 + 5 - 0.24) \times 2 - 0.9] \times 0.15$——左次卧踢脚线所占面积；

$(4 - 0.24 + 6.5 - 0.24) \times 2 \times 3.0$——右次卧内墙面积；

$[(4 - 0.24 + 6.5 - 0.24) \times 2 - 0.9] \times 0.15$——右次卧踢脚线所占面积；

$(1.8 + 2) \times 2 \times 0.1$——C3 内侧壁增加面积。

2.3.2　拼碎石材墙、柱面

项目编码：011203002　　项目名称：拼碎石材墙、柱面

【例2-9】某小院平面图如图2-9所示，外墙面装饰采用拼碎石墙面，墙厚为240mm 房屋层高为3m，院中墙高1.5m，C1 的尺寸为1800mm×1500mm（侧壁采用瓷砖铺贴），M3 的尺寸为3000mm×1500mm，计算外墙面拼碎石墙面工程量。

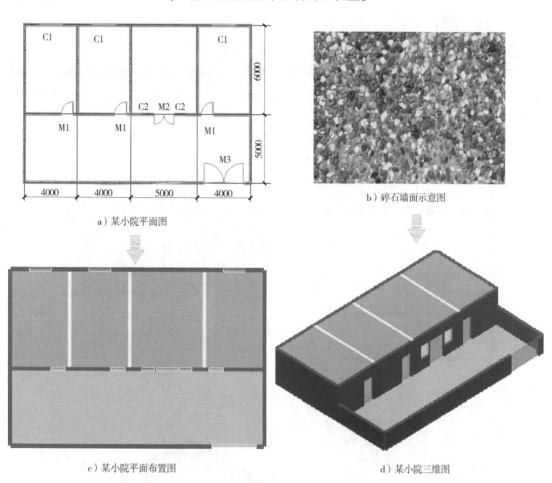

a）某小院平面图

b）碎石墙面示意图

c）某小院平面布置图

d）某小院三维图

图2-9　拼碎石材墙面

【解】

1. 清单工程量计算规则

按镶贴表面积计算。

计量单位：m²。

2. 工程量计算

$$S = (4+4+5+4+0.24+6+0.24+6+0.24)\times3-1.8\times1.5\times3+(5+0.24+4+4+5+4+0.24+5+0.24)\times1.5-3\times1.5$$
$$= 118.14\text{m}^2$$

式中：
(4 + 4 + 5 + 4 + 0.24 + 6 + 0.24 + 6 + 0.24)——3m 高墙长度；

1.8 × 1.5——C1 所占面积；

(5 + 0.24 + 4 + 4 + 5 + 4 + 0.24 + 5 + 0.24)——1.5m 高墙长度；

3 × 1.5——M3 所占面积。

2.3.3 块料墙、柱面

项目编码：011203003   项目名称：块料墙、柱面

【例 2-10】某房屋平面图如图 2-10 所示，外墙墙面为块料面层，墙厚为 240mm，墙高为 3m，C 的尺寸为 1200mm × 1500mm，内侧壁铺贴 100mm，M 的尺寸为 900mm × 2100mm，内侧壁铺贴 50mm，计算外墙面块料工程量。

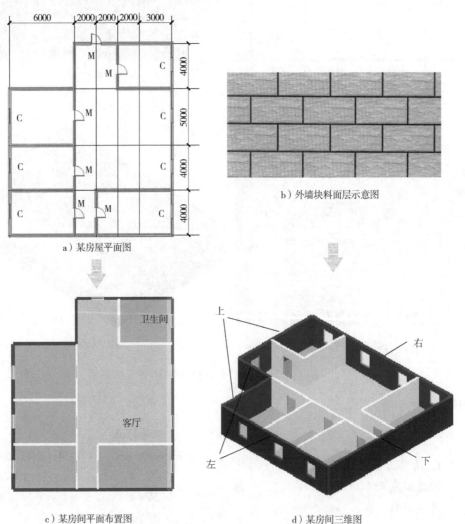

a）某房屋平面图

b）外墙块料面层示意图

c）某房间平面布置图

d）某房间三维图

图 2-10 块料墙面

【解】

1. 清单工程量计算规则

按镶贴表面积计算。

计量单位：m²。

➡

2. 工程量计算

$S_下 = (6 + 2 + 2 + 2 + 3 + 0.24) \times 3 = 45.72 \text{m}^2$

$S_右 = (4 + 4 + 5 + 4 + 0.24) \times 3 - (1.2 \times 1.5 \times 4) +$
$\quad 0.1 \times (1.2 \times 2 + 1.5 \times 2) \times 4$
$\quad = 46.68 \text{m}^2$

$S_上 = (6 + 2 + 2 + 2 + 3 + 0.24) \times 3 - (0.9 \times 2.1) +$
$\quad 0.05 \times (0.9 \times 2 + 2.1 \times 2)$
$\quad = 44.13 \text{m}^2$

$S_左 = (4 + 4 + 5 + 4 + 0.24) \times 3 - (1.2 \times 1.5 \times 3) +$
$\quad 0.1 \times (1.2 \times 2 + 1.5 \times 2) \times 3$
$\quad = 47.94 \text{m}^2$

$S = S_下 + S_右 + S_上 + S_左 = 184.47 \text{m}^2$

⬇

式中：

1.2×1.5——窗所占面积；

$0.1 \times (1.2 \times 2 + 1.5 \times 2)$——单个窗侧壁增加面积；

$0.05 \times (0.9 \times 2 + 2.1 \times 2)$——单个门侧壁增加面积。

2.3.4　干挂用钢骨架

项目编码：011203004　　项目名称：干挂用钢骨架

【例 2-11】某建筑平面图如图 2-11 所示，墙高为 3.6m，墙面 A 采用干挂花岗石，花岗石尺寸 600mm×600mm，干挂用钢骨架采用∟50×50×6 的角钢，理论质量为 4.465kg/m，横向间距随花岗石尺寸，竖向间距为 1m，试计算其干挂用钢骨架工程量。

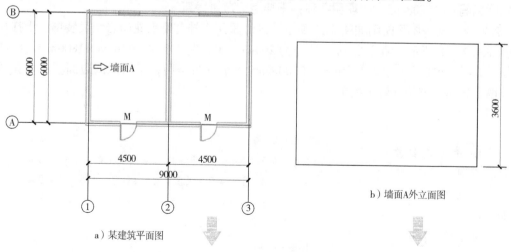

a）某建筑平面图

b）墙面A外立面图

图 2-11　干挂用钢骨架

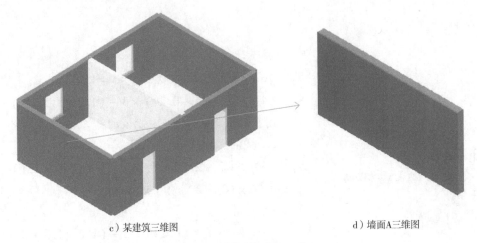

c）某建筑三维图　　　　　　　　　　　d）墙面A三维图

图 2-11　干挂用钢骨架（续）

【解】

1. 清单工程量计算规则

按设计图示以质量计算。

计量单位：t。

2. 工程量计算

$$W = \left[(3.6 \div 0.6 + 1) \times 6 + (6 \div 1 + 1) \times 3.6 \right] \times 4.465$$

$$= 300 \text{kg}$$

$$= 0.3 \text{t}$$

式中：

$(3.6 \div 0.6 + 1)$——横向钢骨架数量；

$(6 \div 1 + 1)$——纵向钢骨架数量；

4.465——该型号钢骨架理论质量。

2.3.5　干挂用铝方管骨架

项目编码：011203005　　项目名称：干挂用铝方管骨架

【例 2-12】某房屋平面图如图 2-12 所示，外墙采用干挂芝麻黑花岗岩墙面装饰，干挂用铝方管如图 2-12b 所示，墙高为 3m，墙厚为 200mm，C1 的尺寸为 1500mm×1800mm，内侧壁增加 100mm，M1 的尺寸为 1200mm×2100mm，为成品带框门，不增加侧边面积，计算该房屋外墙干挂用铝方管骨架工程量。

【解】

1. 清单工程量计算规则

按实际图示以面积计算。

计量单位：m²。

2. 工程量计算

$$S = (4.5 + 2.5 + 5 + 3.8 + 0.2 + 1.5 + 4 + 2 + 1.2 + 3.3 + 0.2 + 3.8 + 5 + 2.5 + 4.5 + 0.2 + 1.5 + 4 + 2 + 1.2 + 3.3 + 0.2) \times 3 - 1.5 \times 1.8 \times 6 + (1.5 + 1.8) \times 2 \times 0.1 \times 6 - 1.2 \times 2.1$$

$$= 154.44 \text{m}^2$$

式中：

4.5 + 2.5 + 5 + 3.8 + 0.2 + 1.5 + 4 + 2 + 1.2 + 3.3 + 0.2 + 3.8 + 5 + 2.5 + 4.5 + 0.2 + 1.5 + 4 + 2 + 1.2 + 3.3 + 0.2——外墙长度；

$1.5 \times 1.8 \times 6$——C1 所占面积；

$(1.5 + 1.8) \times 2 \times 0.1 \times 6$——C1 内侧壁面积；

1.2×2.1——M1 所占面积。

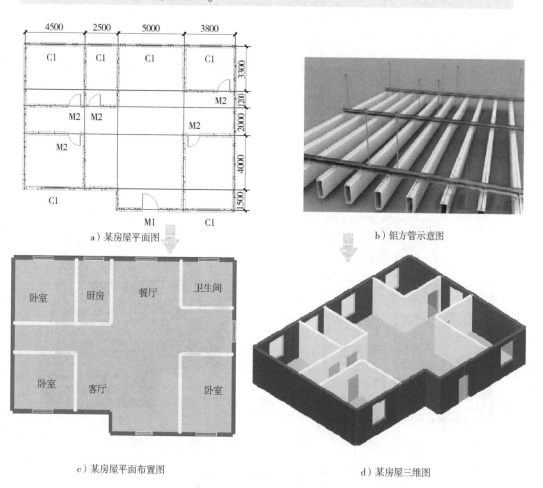

a）某房屋平面图

b）铝方管示意图

c）某房屋平面布置图

d）某房屋三维图

图 2-12　墙面干挂用铝方管骨架

2.4　零星块料面层

2.4.1　石材零星项目

项目编码：011204001　　　**项目名称：石材零星项目**

【**例 2-13**】某房间平面图如图 2-13 所示，客厅窗户 C2 的尺寸为 2500mm×2100mm，为美观 C2 底部窗台内侧采用花岗岩石材，与瓷砖墙面相区分，长度与门洞口宽度一致，宽度按一般墙厚考虑，墙厚为 240mm，试计算底部窗台石材零星工程量。

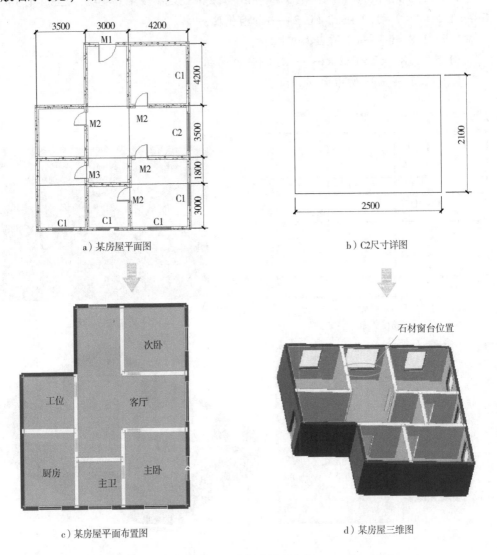

a）某房屋平面图

b）C2尺寸详图

c）某房屋平面布置图

d）某房屋三维图

图 2-13　石材零星窗台板

【解】

1. 清单工程量计算规则
按镶贴表面积计算。
计量单位：m²。

2. 工程量计算
$S = 2.5 \times 0.12$
　　$= 0.30 m^2$

式中：
2.5——窗台长度；
0.12——窗台宽度。

2.4.2 块料零星项目

项目编码：011204002　　项目名称：块料零星项目

【例2-14】某房屋平面图如图2-14所示，卫生间内墙采用白色瓷砖块料面层，淋浴处墙身高1.2m处设有100mm深红色瓷砖腰线，内侧壁铺贴随墙身采用白色瓷砖，计算腰线深红色瓷砖块料面层工程量。

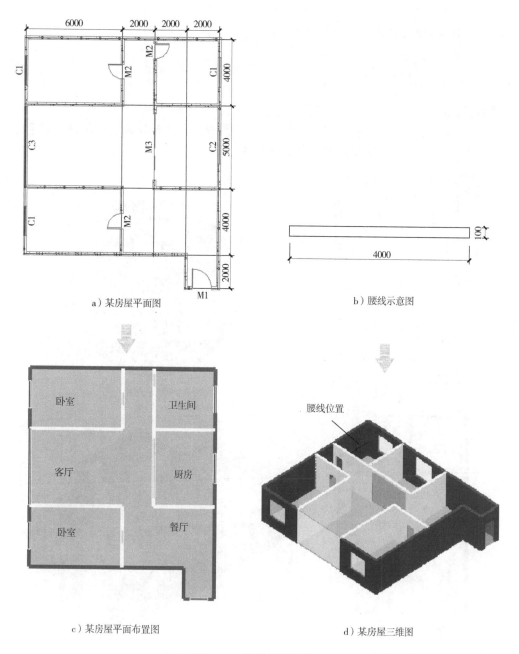

a）某房屋平面图

b）腰线示意图

c）某房屋平面布置图

d）某房屋三维图

图2-14　块料零星腰线

【解】

1. 清单工程量计算规则	→	2. 工程量计算

1. 清单工程量计算规则
按镶贴表面积计算。
计量单位：m²。

2. 工程量计算
$S = 4 \times 0.1$
$= 0.40 \text{m}^2$

式中：
4——腰线长度；
0.1——腰线宽度。

2.4.3 拼碎石材块料零星项目

项目编码：011204003　　项目名称：拼碎石材块料零星项目

【例2-15】某房屋平面图如图2-15所示，餐厅装修采用瓷砖墙面，中间设一圆形碎石拼花装饰，半径为350mm，计算拼碎石材块料零星工程量。

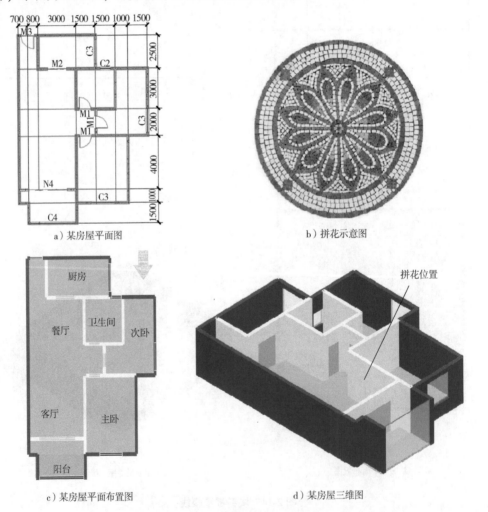

a）某房屋平面图

b）拼花示意图

c）某房屋平面布置图

d）某房屋三维图

图2-15 拼碎石材拼花零星

【解】

1. 清单工程量计算规则
按镶贴表面积计算。
计量单位：m²。

→

2. 工程量计算
$$S = 3.14 \times 0.35 \times 0.35$$
$$= 0.38 \text{m}^2$$

↓

式中：
0.35——拼花图案半径。

2.5　墙、柱饰面

2.5.1　墙、柱面装饰板

项目编码：011205001　　项目名称：墙、柱面装饰板

【例2-16】某户型平面布置如图2-16所示，墙高为3.0m，墙厚为240mm，M1的尺寸为900mm×2100mm，M2的尺寸为1200mm×2100mm，M3的尺寸为4000mm×2800mm，M4的尺寸为5000mm×3000mm，餐厅、客厅及过道墙面采用装饰板装饰，下设150mm高的石材踢脚线，试求餐厅、客厅及过道墙面装饰板工程量。

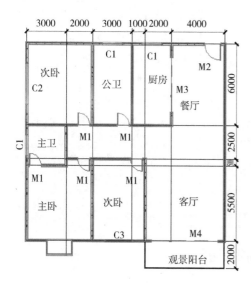

a）某户型平面图

b）装饰板示意图

图2-16　内墙装饰板墙面

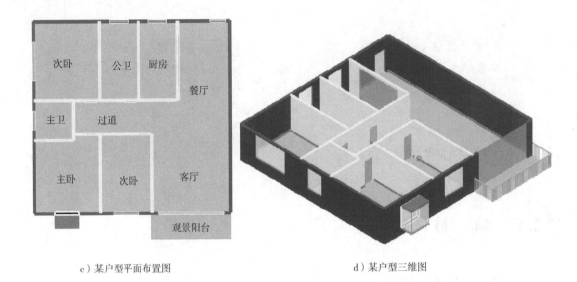

c）某户型平面布置图   d）某户型三维图

图 2-16　内墙装饰板墙面（续）

【解】

1. 清单工程量计算规则
按设计图示尺寸以面积计算。
计量单位：m²。

2. 工程量计算
$$S = (6 + 2.5 + 8 + 6 + 4 + 6 + 2.5 + 0.5 + 5.5 + 6 + 6 - 0.24 \times 6) \times (3.0 - 0.15) - 0.9 \times 2.1 \times 4 - 1.2 \times 2.1 - 4 \times 2.8 - 5 \times 3 = 110.67\text{m}^2$$

式中：
$(6 + 2.5 + 8 + 6 + 4 + 6 + 2.5 + 0.5 + 5.5 + 6 + 6 - 0.24 \times 6)$——餐厅、客厅、过道组成的不规则形状墙长度；

$0.9 \times 2.1 \times 4$——M1 所占面积；

1.2×2.1——M2 所占面积；

4×2.8——M3 所占面积；

5×3——M4 所占面积。

注意：扣除门窗洞口及单个 >0.3m² 的孔洞所占面积。

2.5.2　墙、柱面装饰浮雕

项目编码：011205002　　项目名称：墙、柱面装饰浮雕

【例 2-17】某房屋平面图如图 2-17 所示，客厅电视背景墙装饰为造型美观，采用装饰浮雕墙面，已知该墙面长 4m，高 3m，计算该电视背景墙装饰浮雕工程量。

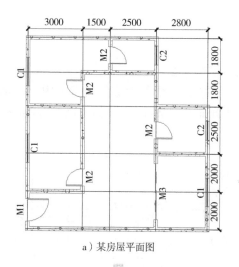

a）某房屋平面图

b）墙面浮雕示意图

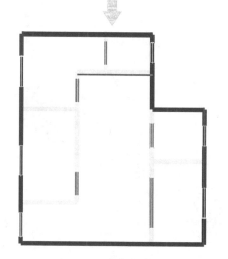

c）某房间平面布置图

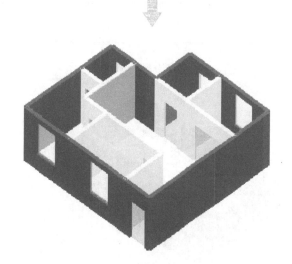

d）某房间三维图

图 2-17　电视背景墙浮雕

【解】

1. 清单工程量计算规则

墙、柱面装饰浮雕：按设计图示尺寸以面积计算。

计量单位：m²。

2. 工程量计算

$$S = 4 \times 3$$
$$= 12.00\text{m}^2$$

式中：

4——浮雕墙面长度；

3——浮雕墙面高度。

2.5.3 墙、柱面成品木饰面

项目编码：011205003　　项目名称：墙、柱面成品木饰面

【例2-18】某酒店部分建筑如图2-18所示，墙体A靠走廊墙面为造型美观采用成品木饰面，已知该墙面净长15m，高3m，M1的尺寸为900mm×2100mm，踢脚线高为200mm，计算墙面成品木饰面工程量。

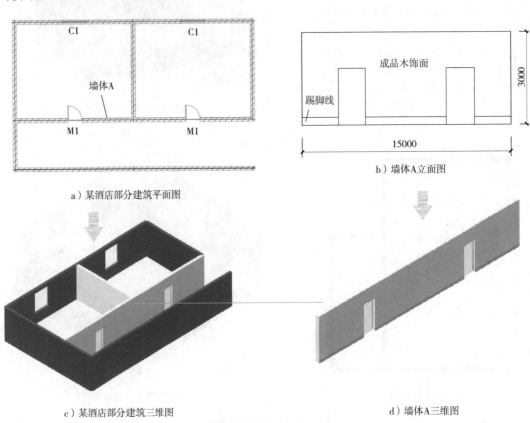

a）某酒店部分建筑平面图

b）墙体A立面图

c）某酒店部分建筑三维图

d）墙体A三维图

图2-18　成品木饰面墙面

【解】

1. 清单工程量计算规则

墙、柱面成品木饰面：按设计图示尺寸以面积计算。

计量单位：m²。

2. 工程量计算

$S = 15 \times 3 - 15 \times 0.2 - 0.9 \times 2.1 \times 2$

$= 38.22 m^2$

式中：

15×3——墙面总面积；

15×0.2——踢脚线所占面积；

0.9×2.1×2——门所占面积。

2.5.4 墙、柱面软包

项目编码：011205004　　项目名称：墙、柱面软包

【例2-19】某房屋为两室两厅格局，客厅背景墙装饰采用软包墙面和成品木饰面，软包尺寸、位置如图2-19所示，已知墙高为3m，计算墙面软包工程量。

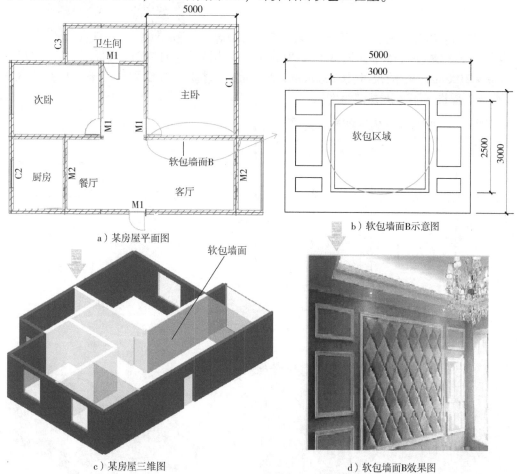

a）某房屋平面图

b）软包墙面B示意图

c）某房屋三维图

d）软包墙面B效果图

图2-19　墙面软包

【解】

1. 清单工程量计算规则

墙、柱面软包：按设计图示尺寸以面积计算。

计量单位：m²。

2. 工程量计算

$S = 2.5 \times 3$

$= 7.50 \text{m}^2$

式中：

2.5——软包区域高；

3——软包区域宽。

2.6 幕墙工程

2.6.1 构件式幕墙

项目编码：011206001　项目名称：构件式幕墙

【例2-20】某办公楼平面图如图2-20所示，外墙采用构件式玻璃幕墙，M1的尺寸为2400mm×2100mm，C的尺寸为2000mm×2100mm，材质为幕墙同种玻璃，层高为3.6m，求该幕墙工程量（不考虑幕墙厚度）。

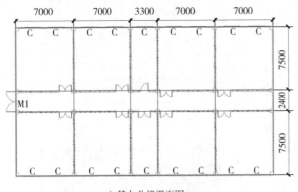

a）某办公楼平面图

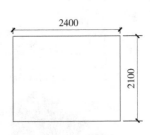

b）M1尺寸详图

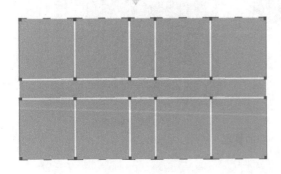

c）某办公楼平面布置图

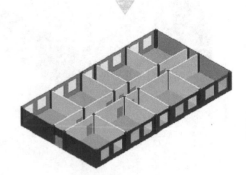

d）某办公楼三维图

图2-20　构建式幕墙外墙

【解】

1. 清单工程量计算规则	2. 工程量计算
构件式幕墙：按设计图示框外围尺寸以面积计算。计量单位：m²。	$S = (7.5 + 2.4 + 7.5 + 7 + 7 + 3.3 + 7 + 7) \times 3.6 - 2.1 \times 2.4$ $= 170.28\text{m}^2$

式中：

(7.5 + 2.4 + 7.5 + 7 + 7 + 3.3 + 7 + 7) × 3.6——幕墙毛面积；

2.1 × 2.4——M1 所占面积。

注：不扣除与幕墙同种材质的窗所占面积。

2.6.2　单元式幕墙

项目编码：011206002　　项目名称：单元式幕墙

【例 2-21】某办公室平面图如图 2-21 所示，结构形式为框架结构，内墙厚为 240mm，外墙采用单元式幕墙，层高为 3.2m，窗的尺寸为 1800mm × 2000mm，框架柱的尺寸为 400mm × 400mm，采用与幕墙同材质玻璃，求该幕墙工程量。

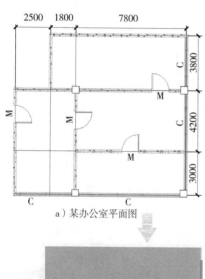

a）某办公室平面图

b）幕墙效果图

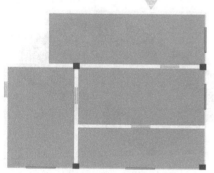

c）某办公室平面布置图

d）某办公室三维图

图 2-21　办公楼单元式幕墙

【解】

1. 清单工程量计算规则

构件式幕墙：按设计图示框外围尺寸以面积计算。计量单位：m²。

2. 工程量计算

$$S = (2.5 + 1.8 + 7.8 - 0.4 × 2) × 3.2 + (3 + 4.2 + 3.8 + 0.24 - 0.4 × 2) × 3.2$$
$$= 69.57 m^2$$

式中：

$(2.5+1.8+7.8-0.4\times2)\times3.2$——下方幕墙面积；

$(3+4.2+3.8+0.24-0.4\times2)\times3.2$——左侧幕墙面积；

0.4×2——框架柱所占面积。

注：不扣除与幕墙同种材质的窗所占面积。

2.6.3 全玻（无框玻璃）幕墙

项目编码：011206003 **项目名称：全玻（无框玻璃）幕墙**

【例2-22】某建筑平面图如图2-22所示，大门入口处弧形外墙采用全玻幕墙，弧长为5.9m，墙高为3m，M1的尺寸为2500mm×2100mm，求该弧形幕墙工程量。

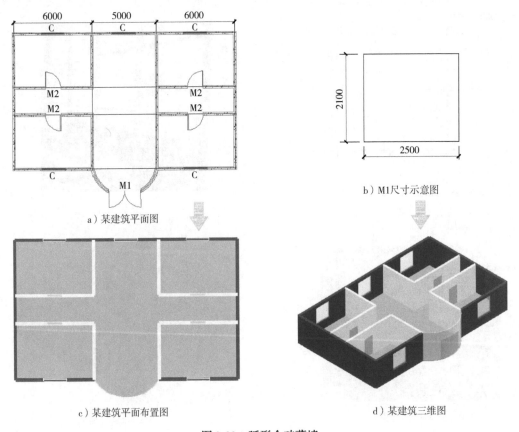

图2-22 弧形全玻幕墙

【解】

1. 清单工程量计算规则
全玻幕墙：按设计图示尺寸以面积计算。
计量单位：m^2。

2. 工程量计算
$S=5.9\times3-2.5\times2.1$
$=12.45m^2$

式中：

5.9——弧形幕墙长度；

3——墙高；

2.5 × 2.1——M1 所占面积。

注：带肋全玻幕墙按展开面积计算。

2.7　隔断

2.7.1　隔断现场制作、安装

项目编码：011207001　　项目名称：隔断现场制作、安装

【例 2-23】某公司因办公需求，要在办公区隔出两间办公室、一间会议室，隔断材质为玻璃隔断，详图如图 2-23 所示，已知隔断高为 2.8m，墙厚为 240mm，M2 的尺寸为 900mm × 2100mm，门类型采用与隔断同种材质的玻璃门，计算玻璃隔断的现场制作、安装工程量（计算时不考虑玻璃隔断厚度）。

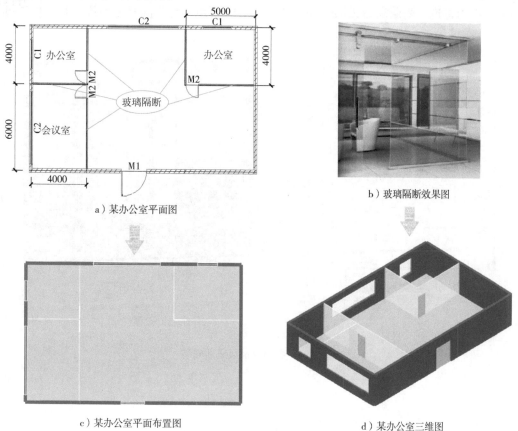

a）某办公室平面图

b）玻璃隔断效果图

c）某办公室平面布置图

d）某办公室三维图

图 2-23　办公室玻璃隔断

【解】

> 1. 清单工程量计算规则
> 隔断现场制作、安装：按设计图示框外围尺寸以面积计算。
> 计量单位：m^2。

➡

> 2. 工程量计算
> $S = (6 - 0.12 + 4 - 0.12 + 4 - 0.12 + 5 - 0.12 + 4 - 0.12) \times 2.8$
> $= 62.72m^2$

⬇

> 式中：
> $6 - 0.12 + 4 - 0.12 + 4 - 0.12 + 5 - 0.12 + 4 - 0.12$——隔断净长度；
> 2.8——隔断高度。

注：不扣除单个≤$0.3m^2$的孔洞所占面积；浴厕门的材质与隔断相同时，门的面积并入隔断面积内。

2.7.2 成品隔断安装

项目编码：011207002　　项目名称：成品隔断安装

【例2-24】 某办公室平面图如图2-24所示，经理办公室空间较大，为办公方便、接待访客，采用一成品隔断将办公室隔出一个空间作为会客室，并留出 1.5m长作为过道，隔断高为2.1m，效果如图2-24b所示，计算隔断工程量。

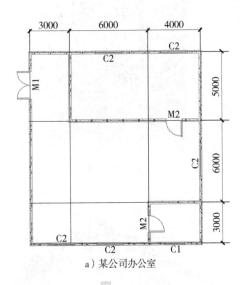

a) 某公司办公室

b) 成品隔断位置

图2-24 办公室屏风隔断安装

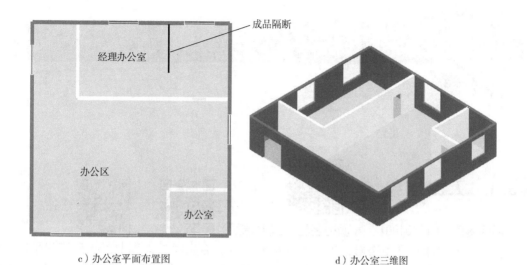

c）办公室平面布置图　　　　　　　　　d）办公室三维图

图2-24 办公室屏风隔断安装（续）

【解】

1. 清单工程量计算规则

成品隔断安装：按设计图示框外围尺寸计算。

计量单位：m²。

2. 工程量计算

$S = (5 - 1.5) \times 2.1$
$= 7.35 \text{m}^2$

式中：

5-1.5——隔断长度；

2.1——隔断高度。

3.1 天棚抹灰

项目编码：011301001   项目名称：天棚抹灰

【例3-1】 某小区业主装修，采用天棚抹灰，做法为先刷5cm厚混凝土砂浆找平层、后刷5cm厚混凝土砂浆抹灰层，表面抛光磨亮，后粘贴墙纸，工程示意图如图3-1所示，图中墙厚为240mm，试根据图示信息计算该工程天棚的工程量。

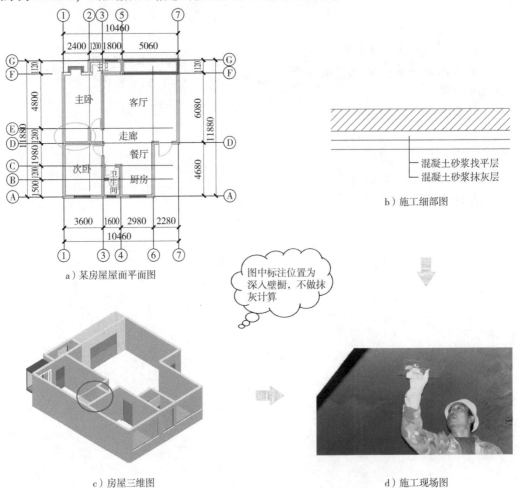

a）某房屋屋面平面图

混凝土砂浆找平层
混凝土砂浆抹灰层

b）施工细部图

图中标注位置为深入壁橱，不做抹灰计算

c）房屋三维图

d）施工现场图

图3-1 某业主装修平面及三维示意图

【解】

1. 清单工程量计算规则

按设计图示尺寸以水平投影面积计算。

计量单位：m^2。

2. 工程量计算

$S = (1.8 + 5.06 - 0.24) \times (4.8 - 0.12) + (1.12 - 0.24) \times (5.06 - 0.24) + (4.8 - 0.24) \times (2.4 + 1.2 - 0.24) + (1.2 + 1.8 - 0.24) \times (1.12 - 0.24) + 1.28 \times (1.2 + 1.8 + 5.06 - 0.24) + (3.6 - 0.24) \times (4.68 - 0.24) + (2.98 - 0.24) \times (1.5 + 1.2 - 0.12) + 1.98 \times (2.98 - 0.12) + (1.6 - 0.24) \times (1.5 + 1.2 - 0.24) + (1.6 - 0.12) \times (1.98 - 0.12)$

$= 96.73 m^2$

式中：

$(1.8 + 5.06 - 0.24) \times (4.8 - 0.12)$——客厅天棚的面积；

$(1.12 - 0.24) \times (5.06 - 0.24)$——阳台天棚的面积；

$(4.8 - 0.24) \times (2.4 + 1.2 - 0.24)$——主卧天棚的面积；

$(1.2 + 1.8 - 0.24) \times (1.12 - 0.24)$——主卫天棚的面积；

$1.28 \times (1.2 + 1.8 + 5.06 - 0.24)$——走廊天棚的面积；

$(3.6 - 0.24) \times (4.68 - 0.24)$——次卧天棚的面积；

$(2.98 - 0.24) \times (1.5 + 1.2 - 0.12)$——厨房天棚的面积；

$1.98 \times (2.98 - 0.12)$——餐厅天棚的面积；

$(1.6 - 0.24) \times (1.5 + 1.2 - 0.24)$——卫生间天棚的面积；

$(1.6 - 0.12) \times (1.98 - 0.12)$——卫生间门口天棚的面积。

注意：不扣除间壁墙、垛、柱、附墙烟囱、检查口和管道所占的面积，带梁天棚的梁两侧抹灰面积并入天棚面积内，板式楼梯底面抹灰按斜面积计算，锯齿形楼梯底板抹灰按展开面积计算。

3.2 天棚吊顶

3.2.1 平面吊顶天棚

项目编码：011302001 项目名称：平面吊顶天棚

【例3-2】某工程平面吊顶天棚工程示意图如图3-2所示，图中墙厚为240mm，试根据图示信息计算该工程的工程量。

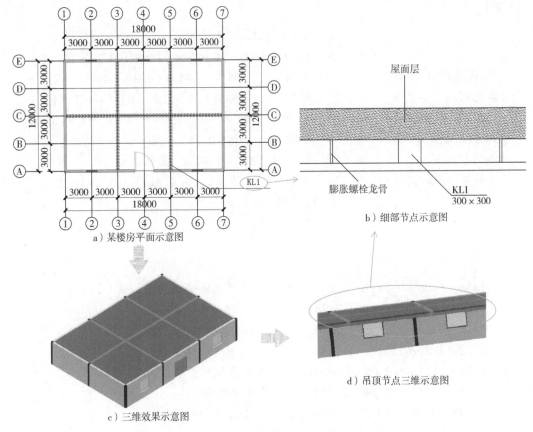

a) 某楼房平面示意图

b) 细部节点示意图

c) 三维效果示意图

d) 吊顶节点三维示意图

图 3-2　平面吊顶天棚平面及三维示意图

【解】

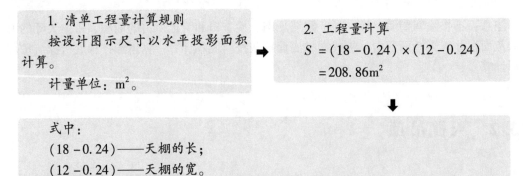

1. 清单工程量计算规则

按设计图示尺寸以水平投影面积计算。

计量单位：m^2。

2. 工程量计算

$S = (18 - 0.24) \times (12 - 0.24)$
$= 208.86 m^2$

式中：

$(18 - 0.24)$——天棚的长；

$(12 - 0.24)$——天棚的宽。

注意：不扣除间壁墙、检查口、附墙烟囱、柱垛和管道所占面积，扣除单个 $>0.3 m^2$ 的孔洞、独立柱及与天棚相连的窗帘盒所占的面积。

3.2.2　跌级吊顶天棚

项目编码：011302002　　项目名称：跌级吊顶天棚

【例 3-3】某工程除厕所外全部安装跌级吊顶天棚，示意图如图 3-3 所示，图中墙厚为 240mm，试根据图示信息计算该工程的工程量。

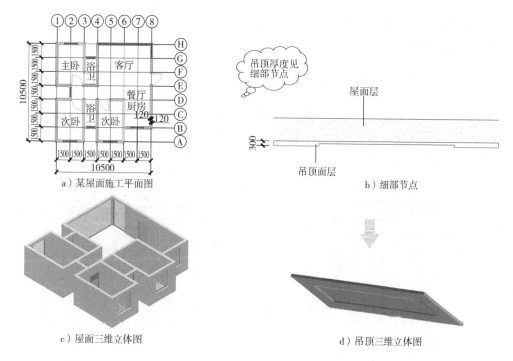

a）某屋面施工平面图

b）细部节点

c）屋面三维立体图

d）吊顶三维立体图

图3-3 跌级吊顶天棚平面及三维示意图

【解】

1. 清单工程量计算规则

按设计图示尺寸以水平投影面积计算。

计量单位：m²。

2. 工程量计算

$S = (4.5 - 0.24) \times (3 - 0.24) + (3 - 0.24) \times (1.5 - 0.24) + (4.5 - 0.24) \times (3 - 0.24) + (3 - 0.24) \times (1.5 - 0.24) + (4.5 - 0.24) \times (3 - 0.24) + (1.5 - 0.12) \times 3 + (1.5 - 0.24) \times (3 - 0.12) + (6 - 0.24) \times (4.5 - 0.12) + 3 \times 1.5 + (3 - 0.24) \times (3 - 0.12)$

$= 87.67 m^2$

式中：

$(4.5 - 0.24) \times (3 - 0.24)$——主卧天棚的面积；

$(3 - 0.24) \times (1.5 - 0.24)$——主卧浴卫天棚的面积；

$(4.5 - 0.24) \times (3 - 0.24)$——左侧次卧天棚的面积；

$(3 - 0.24) \times (1.5 - 0.24)$——浴卫天棚的面积；

$(4.5 - 0.24) \times (3 - 0.24)$——右侧次卧天棚的面积；

$(1.5 - 0.12) \times 3$——右侧走廊天棚的面积；

$(1.5 - 0.24) \times (3 - 0.12)$——左侧走廊天棚的面积；

$(6 - 0.24) \times (4.5 - 0.12)$——客厅天棚的面积；

3×1.5——餐厅天棚的面积；

$(3 - 0.24) \times (3 - 0.12)$——厨房天棚的面积。

注意：天棚面中的灯槽及跌级天棚面积不展开计算。不扣除间壁墙、检查口、附墙烟囱、柱垛和管道所占面积，扣除单个 >0.3m² 的孔洞、独立柱及与天棚相连的窗帘盒所占的面积。

3.2.3　艺术造型吊顶天棚

项目编码：011302003　　项目名称：艺术造型吊顶天棚

【例3-4】某工程艺术造型吊顶天棚工程示意图如图3-4所示，图中墙厚为240mm，试根据图示信息计算该工程的工程量。

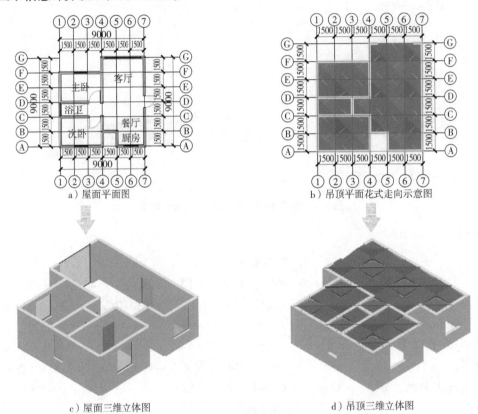

a）屋面平面图　　　　　　　　　b）吊顶平面花式走向示意图

c）屋面三维立体图　　　　　　　　d）吊顶三维立体图

图3-4　艺术造型吊顶天棚平面及三维示意图

【解】

1. 清单工程量计算规则

按设计图示尺寸以水平投影面积计算。

计量单位：m²。

2. 工程量计算

$$S = (4.5 - 0.24) \times (3 - 0.24) + (4.5 - 0.24) \times (3 - 0.24) + (3 - 0.24) \times (1.5 - 0.24) + (1.5 - 0.24) \times (1.5 - 0.12) + (4.5 - 0.12) \times 1.5 + (1.5 - 0.12) \times (1.5 - 0.12) + (3 - 0.12) \times 1.5 + (1.5 - 0.12) \times (3 - 0.24) + (4.5 - 0.24) \times (4.5 - 0.12)$$

$$= 63.99 m^2$$

式中:

$(4.5-0.24) \times (3-0.24)$——主卧天棚的面积;

$(4.5-0.24) \times (3-0.24)$——次卧天棚的面积;

$(3-0.24) \times (1.5-0.24)$——浴卫天棚的面积;

$(1.5-0.24) \times (1.5-0.12) + (4.5-0.12) \times 1.5$——走廊天棚的面积;

$(1.5-0.12) \times (1.5-0.12) + (3-0.12) \times 1.5$——餐厅天棚的面积;

$(1.5-0.12) \times (3-0.24)$——厨房天棚的面积;

$(4.5-0.24) \times (4.5-0.12)$——客厅天棚的面积。

注意:天棚面中的灯槽及造型天棚的面积不展开计算。不扣除间壁墙、检查口、附墙烟囱、柱垛和管道所占面积,扣除单个 $>0.3m^2$ 的孔洞、独立柱及与天棚相连的窗帘盒所占的面积。

3.2.4 格栅吊顶

项目编码:011302004 项目名称:格栅吊顶

【例3-5】某工程格栅吊顶工程示意图如图3-5所示,图中墙厚为240mm,试根据图示信息计算该工程的工程量。

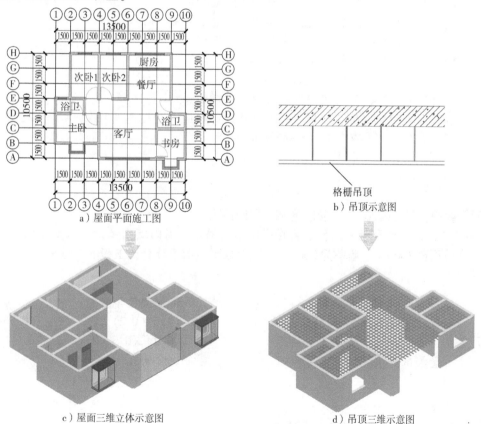

图3-5 格栅吊顶平面及三维示意图

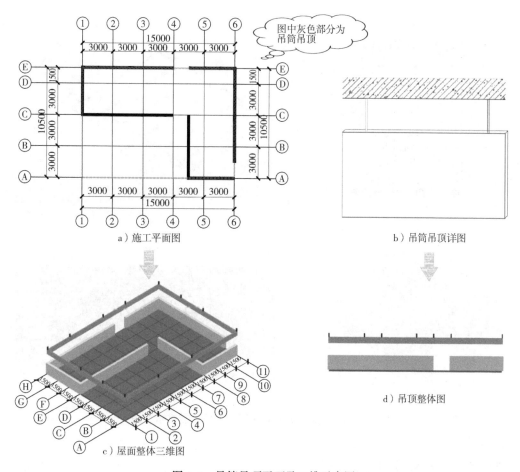

a）施工平面图

b）吊筒吊顶详图

c）屋面整体三维图

d）吊顶整体图

图 3-6　吊筒吊顶平面及三维示意图

图中灰色部分为吊筒吊顶

3.2.6　藤条造型悬挂吊顶

项目编码：011302006　　项目名称：藤条造型悬挂吊顶

【例 3-7】某花店店面装修在屋顶设置藤条造型悬挂吊顶，吊顶示意图如图 3-7 所示，图中墙厚为 240mm，试根据图示信息计算该工程的工程量。

【解】

1. 清单工程量计算规则

按设计图示尺寸以水平投影面积计算。

计量单位：m²。

2. 工程量计算

$$S = (6.6 - 0.24) \times (9.9 - 0.24) \times 2$$
$$= 122.88\text{m}^2$$

式中：

$(9.9 - 0.24)$——吊顶的长；

$(6.6 - 0.24)$——吊顶的宽。

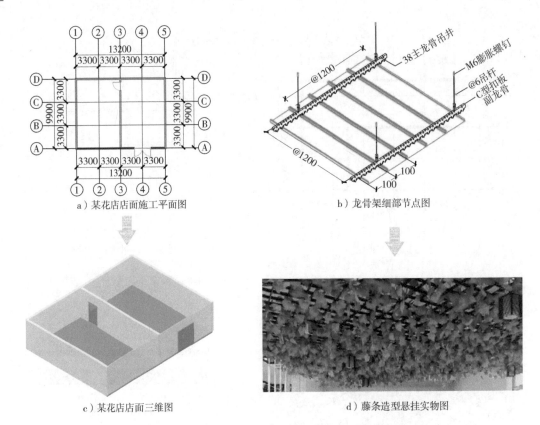

a）某花店店面施工平面图

b）龙骨架细部节点图

c）某花店店面三维图

d）藤条造型悬挂实物图

图 3-7 藤条造型悬挂吊顶平面、实物及三维示意图

3.2.7 织物软雕吊顶

项目编码：011302007 项目名称：织物软雕吊顶

【例 3-8】某房屋装修采用织物软雕吊顶，工程示意图如图 3-8 所示，图中墙厚为 240mm，试根据图示信息计算该工程的工程量。

【解】

1. 清单工程量计算规则

按设计图示尺寸以水平投影面积计算。

计量单位：m^2。

2. 工程量计算

$$S = (3 - 0.24) \times (3 - 0.24) + (3 - 0.24) \times (3 - 0.24) + (1.5 - 0.24) \times (3 - 0.24) + (3 - 0.24) \times (3 - 0.24) + (3 - 0.24) \times (3 - 0.24) + (3 - 0.12) \times 3 - 0.12 \times 0.12 + (3 - 0.12) \times (3 - 0.12) + (1.5 - 0.12) \times (3 - 0.24) + (1.5 - 0.12) \times (1.5 - 0.24) + (1.5 - 0.12) \times 6 + (1.5 - 0.12) \times (1.5 - 0.24)$$
$$= 66.25 m^2$$

式中:

$(3-0.24)\times(3-0.24)$——主卧吊顶的面积;

$(3-0.24)\times(3-0.24)$——左边次卧吊顶的面积;

$(1.5-0.24)\times(3-0.24)$——浴卫吊顶的面积;

$(3-0.24)\times(3-0.24)$——右边次卧吊顶的面积;

$(3-0.24)\times(3-0.24)$——厨房吊顶的面积;

$(3-0.12)\times(3-0.12)$——餐厅吊顶的面积;

$(3-0.12)\times3-0.12\times0.12$——客厅吊顶的面积;

$(1.5-0.12)\times(3-0.24)$——阳台吊顶的面积;

$(1.5-0.12)\times(1.5-0.24)+(1.5-0.12)\times6+(1.5-0.12)\times(1.5-0.24)$——走廊分三部分吊顶的面积。

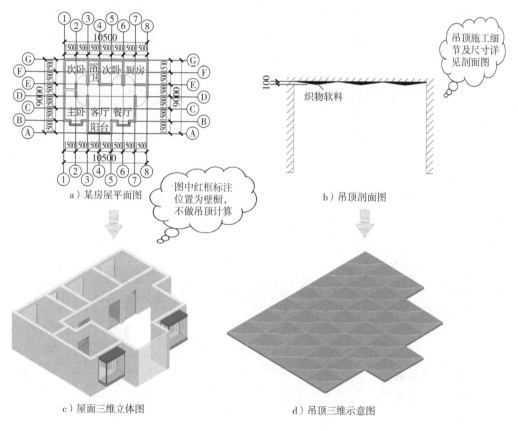

a) 某房屋平面图

图中红框标注位置为壁橱，不做吊顶计算

b) 吊顶剖面图

吊顶施工细节及尺寸详见剖面图

织物软料

c) 屋面三维立体图

d) 吊顶三维示意图

图 3-8 织物软雕吊顶平面及三维示意图

3.2.8 装饰网架吊顶

项目编码：011302008   项目名称：装饰网架吊顶

【例 3-9】某大型商业中心两商场间步行街为考虑实用与美观采用安装装饰网架吊顶，如图 3-9 所示，试根据图示信息计算该工程的工程量。

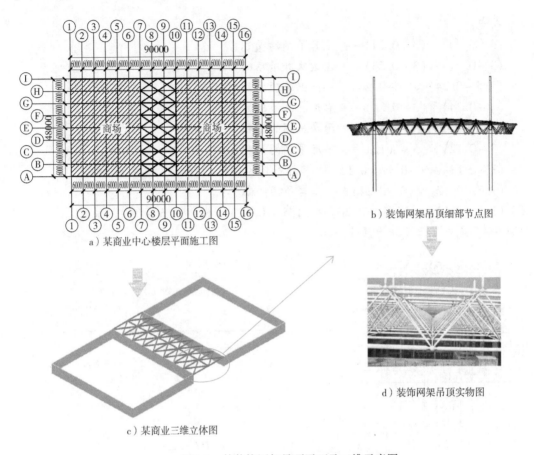

a）某商业中心楼层平面施工图

b）装饰网架吊顶细部节点图

c）某商业三维立体图

d）装饰网架吊顶实物图

图3-9 某装饰网架吊顶平面及三维示意图

【解】

1. 清单工程量计算规则
按设计图示尺寸以水平投影面积计算。
计量单位：m²。

2. 工程量计算
$S = 48 \times 18 = 864 \text{m}^2$

式中：

48——吊顶的长；

18——吊顶的宽。

3.3 天棚其他装饰

3.3.1 灯带（槽）

项目编码：011303001   项目名称：灯带（槽）

【例3-10】某房屋装修采用灯带，工程示意图如图3-10所示，墙厚为200mm，试根据图示信息计算该工程的工程量。

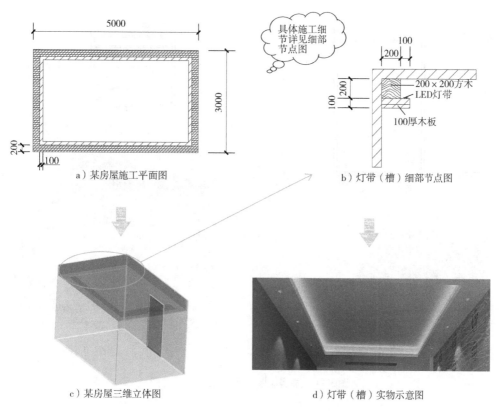

a）某房屋施工平面图　　　　　　　　b）灯带（槽）细部节点图

c）某房屋三维立体图　　　　　　　　d）灯带（槽）实物示意图

图 3-10　某房屋装修平面、实物及三维示意图

【解】

1. 清单工程量计算规则
　　按设计图示尺寸以框外围面积计算。
　　计量单位：m^2。

➡

2. 工程量计算
$S = (3 - 0.2) \times 0.1 \times 2 + (5 - 0.2) \times$
$0.1 \times 2 - 0.1 \times 0.1 \times 4$
$= 1.48 m^2$

⬇

式中：
$(3 - 0.2) \times 0.1 \times 2$——灯带宽的面积；
$(5 - 0.2) \times 0.1 \times 2$——灯带长的面积；
$0.1 \times 0.1 \times 4$——重叠部分面积。

3.3.2　送风口、回风口

项目编码：011303002　　项目名称：送风口、回风口

【例 3-11】某房屋装修安装风口，如图 3-11 所示，试根据图示信息计算该工程的工程量。

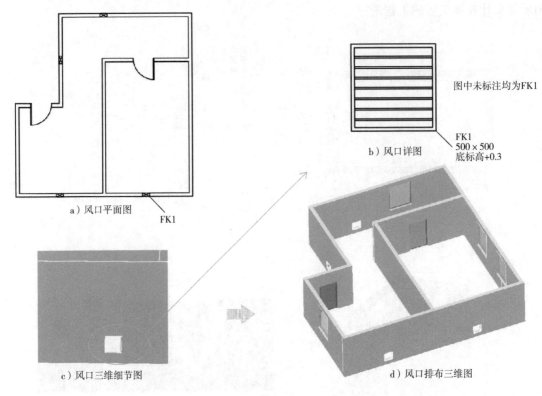

a) 风口平面图

FK1

b) 风口详图

图中未标注均为FK1

FK1
500×500
底标高+0.3

c) 风口三维细节图

d) 风口排布三维图

图3-11 某房屋装修平面及三维示意图

【解】

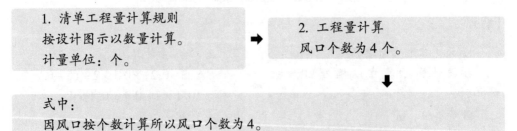

1. 清单工程量计算规则
按设计图示以数量计算。
计量单位：个。

2. 工程量计算
风口个数为4个。

式中：
因风口按个数计算所以风口个数为4。

4.1 木材面油漆

4.1.1 木门油漆

项目编码：011401001　　项目名称：木门油漆

【例4-1】某建筑，需要对木门粉刷油漆，木门门洞尺寸为2100mm×800mm，如图4-1所示，试计算木门油漆工程量。

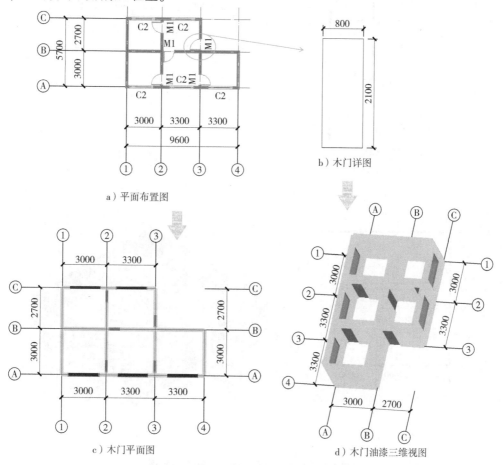

a）平面布置图

b）木门详图

c）木门平面图

d）木门油漆三维视图

图4-1　木门油漆平面图、详图和三维视图

【解】

1. 清单工程量计算规则
按设计图示洞口尺寸以面积计算。
计量单位：m²。

➡

2. 工程量计算
$S = 0.8 \times 2.1 \times 5$
$= 8.4\text{m}^2$

式中：
0.8×2.1——木门面积；
5——木门数量。

4.1.2 木窗油漆

项目编码：011401002　　项目名称：**木窗油漆**

【例4-2】某建筑中木窗平面布置如图4-2所示，试计算木窗油漆工程量。

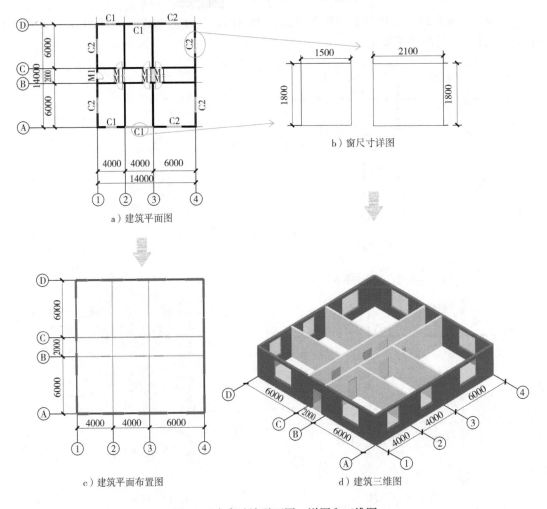

图4-2 木窗油漆平面图、详图和三维图

【解】

> 1. 清单工程量计算规则
> 按设计图示洞口尺寸以面积计算。
> 计量单位：m²。

➡️

> 2. 工程量计算
> $S = 1.8 \times 1.5 \times 4 + 2.1 \times 1.8 \times 6$
> $= 33.48 \text{m}^2$

⬇️

> 式中：
> 1.8×1.5——C1 窗面积；
> 4——C1 窗数量；
> 2.1×1.8——C2 窗面积；
> 6——C2 窗数量。

4.1.3　木扶手油漆

项目编码：011401003　　　**项目名称：木扶手油漆**

【例4-3】如图4-3所示木扶手楼梯布置图，试计算木扶手油漆工程量。

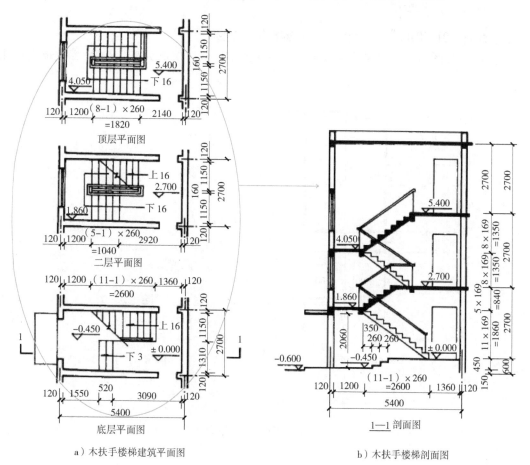

a）木扶手楼梯建筑平面图　　　　b）木扶手楼梯剖面图

图4-3　木扶手油漆平面图和剖面图

【解】

| 1. 清单工程量计算规则

按设计图示尺寸以长度计算。

计量单位：m。 | ➡ | 2. 工程量计算

$L = \sqrt{2.6^2 + 1.86^2} + \sqrt{0.84^2 + 1.04^2} + (2.6 - 1.04) + \sqrt{1.82^2 + 1.35^2} \times 2$
$= 3.20 + 1.34 + 1.56 + 4.53$
$= 10.63m$ |

式中：

$\sqrt{2.6^2 + 1.86^2}$——底层楼梯木扶手的长度；

$\sqrt{0.84^2 + 1.04^2}$——第二段楼梯木扶手的长度；

$2.6 - 1.04$——水平楼梯木扶手的长度；

$\sqrt{1.82^2 + 1.35^2} \times 2$——第三、四段楼梯木扶手长度。

4.1.4 梁柱饰面油漆

项目编码： 011401020   **项目名称：梁柱饰面油漆**

【例4-4】如图4-4所示柱平面布置图，墙厚为240mm，层高为3m，试计算柱饰面油漆工程量。

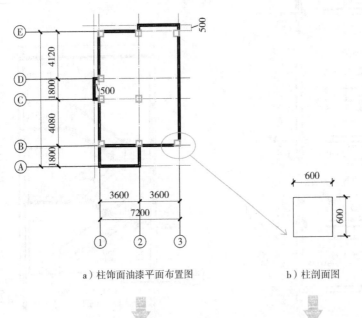

a) 柱饰面油漆平面布置图   b) 柱剖面图

图4-4　柱饰面油漆平面图、剖面图和三维图

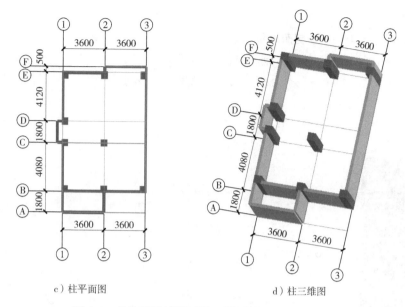

c）柱平面图　　　　　　　　　　d）柱三维图

图 4-1　柱饰面油漆平面图、剖面图和三维图（续）

【解】

1. 清单工程量计算规则

按设计图示尺寸以油漆部分展开面积计算。

计量单位：m^2。

2. 工程量计算

$S = 0.6 \times 3 \times 12 + (0.6 - 0.24) \times 3 \times 18$

$= 41.04 m^2$

式中：

0.6×3——柱饰面面积；

$(0.6 - 0.24) \times 3$——柱饰面面积；

12——0.6×3尺寸柱表面数量；

18——$(0.6 - 0.24) \times 3$尺寸柱表面数量。

4.1.5　零星木装修油漆

项目编码：011401021　　项目名称：零星木装修油漆

【例4-5】如图4-5所示木角柜，对其表面刷油漆，试计算其油漆工程量。

【解】

1. 清单工程量计算规则

按设计图示尺寸以油漆部分展开面积计算。

计量单位：m^2。

2. 工程量计算

$S = 1.8 \times 0.6 \times 4 + 0.6^2 \times 3.14 \times 1/4 \times 14 + 0.12 \times 0.5 \times 2 + 0.5^2 \times 3.14 \times 1/4$

$= 8.59 m^2$

式中：

1.8×0.6×4——竖直面木板面积；

$0.6^2×3.14×1/4×14$——水平面木板面积；

$0.12×0.5×2+0.5^2×3.14×1/4$——底座木板面积。

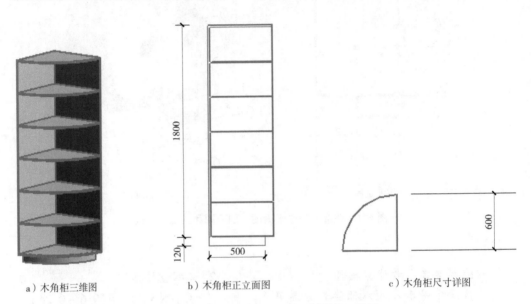

a) 木角柜三维图　　　　b) 木角柜正立面图　　　　c) 木角柜尺寸详图

图 4-5　零星木装修油漆立面图、详图和三维图

4.1.6　木地板油漆

项目编码： 011401022　　　**项目名称：木地板油漆**

【例 4-6】某建筑平面图如图 4-6 所示，楼地面采用木地板装修，墙厚为 240mm，试计算该建筑木地板油漆工程量。

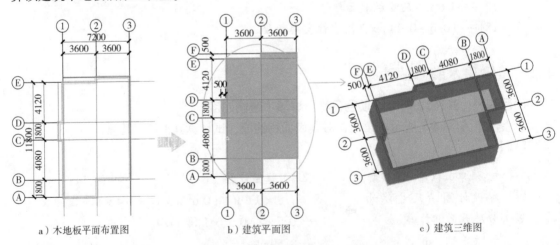

a) 木地板平面布置图　　　b) 建筑平面图　　　c) 建筑三维图

图 4-6　木地板油漆平面图和三维图

【解】

1. 清单工程量计算规则

按设计图示尺寸以油漆部分展开面积计算。

计量单位：m²。

→

2. 工程量计算

$S = 1.8 \times 0.5 + 3.6 \times 0.5 + (3.6 + 3.6) \times (4.12 + 1.8 + 4.08) + 3.6 \times 1.8 - (3.6 + 1.8 + 3.6 + 1.8 + 4.08 + 0.5 + 1.8 + 0.5 + 4.12 + 3.6 + 0.5 + 3.6 + 0.5 + 4.12 + 1.8 + 4.08) \times 0.12 + 0.12 \times 0.12 \times 12$

$= 76.56 \text{m}^2$

↓

式中：

1.8×0.5——C、D轴面积；

3.6×0.5——2、3轴与E、F轴相交矩形面积；

(3.6+3.6)×(4.12+1.8+4.08)——1、3轴与B、E轴相交矩形面积；

3.6×1.8——1、2轴与A、B轴相交矩形面积。

4.1.7 木地板烫硬蜡面

项目编码：011401023 **项目名称：木地板烫硬蜡面**

【例4-7】某建筑平面图如图4-7所示，楼地面采用木地板烫硬蜡面装修，墙厚为240mm，试计算该木地板烫硬蜡面工程量。

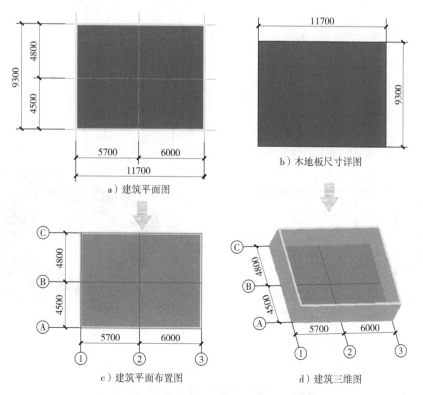

a）建筑平面图

b）木地板尺寸详图

c）建筑平面布置图

d）建筑三维图

图4-7 木地板烫硬蜡面平面图、详图和三维图

【解】

> 1. 清单工程量计算规则
> 按设计图示尺寸以面积计算。
> 计量单位：m²。

➡

> 2. 工程量计算
> $S = (11.7 - 0.24) \times (9.3 - 0.24)$
> $= 103.83 m^2$

⬇

> 式中：
> $11.7 - 0.24$——木地板铺设面积的长；
> $9.3 - 0.24$——木地板铺设面积的宽。

注意：空洞、空圈、暖气包槽、壁龛的开口部分并入相应的工程量内。

4.2　金属面油漆

4.2.1　金属门油漆

项目编码：011402001　　项目名称：金属门油漆

【例4-8】某建筑平面图如图4-8所示，采用金属门，其中 M1 的尺寸为 900mm × 2100mm，M2 的尺寸为 1500mm × 2100mm，试计算该金属门油漆工程量。

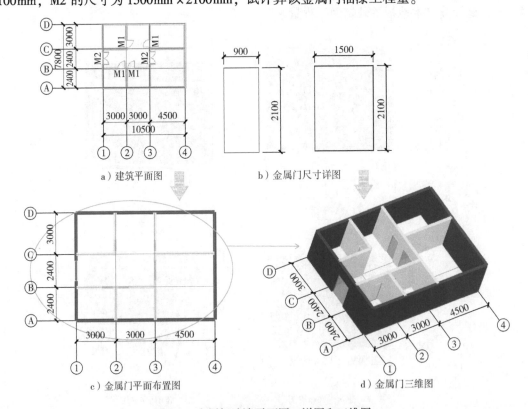

a）建筑平面图　　　　b）金属门尺寸详图

c）金属门平面布置图　　　　d）金属门三维图

图 4-8　金属门油漆平面图、详图和三维图

【解】

1. 清单工程量计算规则
按设计图示洞口尺寸以面积计算。
计量单位：m²。

➡

2. 工程量计算
$S_1 = 0.9 \times 2.1 \times 4 + 1.5 \times 2.1 \times 2$
$= 7.56 + 6.3$
$= 13.86 \text{m}^2$

式中：
0.9×2.1——M1 的面积；
4——M1 数量；
1.5×2.1——M2 的面积；
2——M2 数量。

注意：空洞、空圈、暖气包槽、壁龛的开口部分并入相应的工程量内。

4.2.2　金属窗油漆

项目编码：011402002　　项目名称：金属窗油漆

【例4-9】某建筑中金属窗平面布置如图 4-9 所示，试计算金属窗油漆工程量。

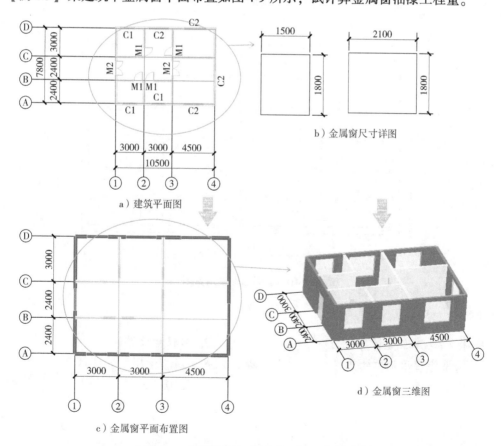

a）建筑平面图

b）金属窗尺寸详图

c）金属窗平面布置图

d）金属窗三维图

图 4-9　金属窗油漆平面图、详图和三维图

【解】

1. 清单工程量计算规则
按设计图示洞口尺寸以面积计算。
计量单位：m²。

➡

2. 工程量计算
$S = 1.8 \times 1.5 \times 3 + 1.8 \times 2.1 \times 4$
$= 8.1 + 15.12$
$= 23.22 \text{m}^2$

⬇

式中：
1.8×1.5——C1 窗的面积；
3——C1 窗数量；
1.8×2.1——C2 窗的面积；
4——C2 窗数量。

注意：空洞、空圈、暖气包槽、壁龛的开口部分并入相应的工程量内。

4.2.3　金属面油漆

项目编码：011402003　　项目名称：金属面油漆

【例4-10】如图 4-10 所示的钢板墙板，该墙板面需涂刷油漆，试计算金属面油漆工程量。

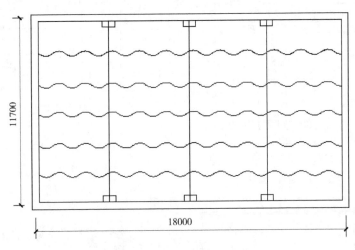

图 4-10　金属面油漆示意图

【解】

1. 清单工程量计算规则
按设计展开面积计算。
计量单位：m²。

➡

2. 工程量计算
$S = 11.7 \times 18$
$= 210.6 \text{m}^2$

⬇

式中：
11.7×18——金属面面积。

4.2.4 金属构件油漆

项目编码：011402004 项目名称：金属构件油漆

【例4-11】如图 4-11 所示的钢护栏，对其表面刷漆，试计算金属构件油漆工程量（−50×5 钢板理论质量为 1.96kg/m；−50×4 钢板理论质量为 1.57kg/m）。

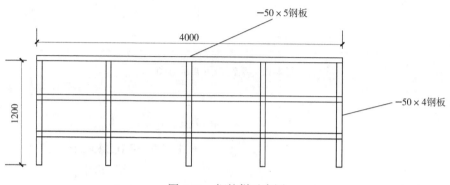

图 4-11 钢护栏示意图

【解】

1. 清单工程量计算规则
按设计图示尺寸以质量计算。
计量单位：t。

➡

2. 工程量计算
−50×5 钢板工程量 = 4×3×1.96
= 23.52kg
= 0.024t
−50×4 钢板工程量 = 1.2×5×1.57
= 9.42kg
= 0.009t
钢栏杆工程量 = 0.024 + 0.009
= 0.033t

⬇

式中：
3——−50×5 钢板根数；
4——−50×5 钢板长度；
1.2——−50×4 钢板长度；
5——−50×4 钢板根数。

4.2.5 钢结构除锈

项目编码：011402005 项目名称：钢结构除锈

【例4-12】如图 4-12 所示钢挡风架，按设计要求对构件除锈，其中上下弦杆均采用两个 L110×8.0 的角钢，竖直支撑杆与斜向支撑杆均为 [16#A 的槽钢，4 个塞板尺寸为 110mm×110mm 的 6mm 厚钢板，试计算该钢挡风架除锈的工程量。

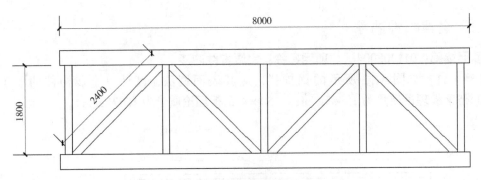

图 4-12　某钢挡风架示意图

【解】

1. 清单工程量计算规则

　　按设计图示尺寸以质量计算。

　　计量单位：t。

2. 工程量计算

上下弦杆工程量 $= 8.0 \times 2 \times 2 \times 13.532$

$\qquad = 433.02 \text{kg}$

$\qquad = 0.433 \text{t}$

支撑杆工程量 $= (1.8 \times 5 + 2.4 \times 4) \times 17.23$

$\qquad = 320.48 \text{kg}$

$\qquad = 0.320 \text{t}$

塞板的工程量 $= 0.11 \times 0.11 \times 47.1 \times 4$

$\qquad = 2.28 \text{kg}$

$\qquad = 0.002 \text{t}$

式中：

$8.0 \times 2 \times 2$——上下弦杆所有角钢的总长度；

$1.8 \times 5 + 2.4 \times 4$——支撑杆的总长度；

13.532——L110×8.0 角钢的理论质量；

17.23——16#A 槽钢的理论质量；

47.1——塞板的理论质量。

4.3　抹灰面油漆

4.3.1　抹灰面油漆

项目编码：011403001　　项目名称：抹灰面油漆

【例 4-13】某建筑平面布置如图 4-13 所示，层高为 3m，墙厚为 200mm，试计算外墙抹灰面油漆工程量。

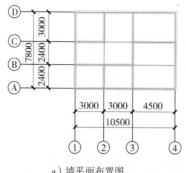

a）墙平面布置图

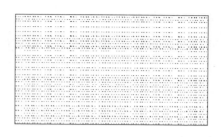

b）抹灰面细节图

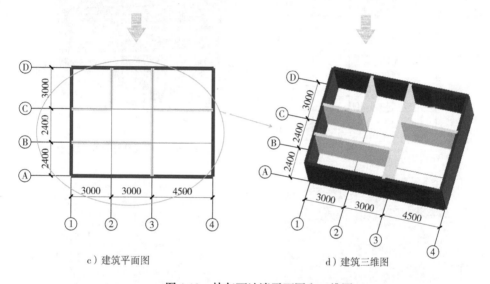

c）建筑平面图

d）建筑三维图

图4-13 抹灰面油漆平面图和三维图

【解】

1. 清单工程量计算规则

按设计图示尺寸以面积计算。

计量单位：m^2。

2. 工程量计算

$S = 7.8 \times 3 \times 2 + 10.5 \times 3 \times 2 + 0.2 \times 4 \times 3$

$= 46.8 + 63 + 2.4$

$= 112.2 m^2$

式中：

7.8——外墙的宽；

3——层高；

10.5——外墙的长；

0.2——墙厚。

4.3.2 抹灰线条油漆

项目编码：011403002   项目名称：抹灰线条油漆

【例4-14】某四层建筑，层高为3m，外墙墙厚为200mm，按设计要求在墙外布置装饰线条，对装饰线条进行涂刷油漆，如图4-14所示，试计算抹灰线条油漆工程量。

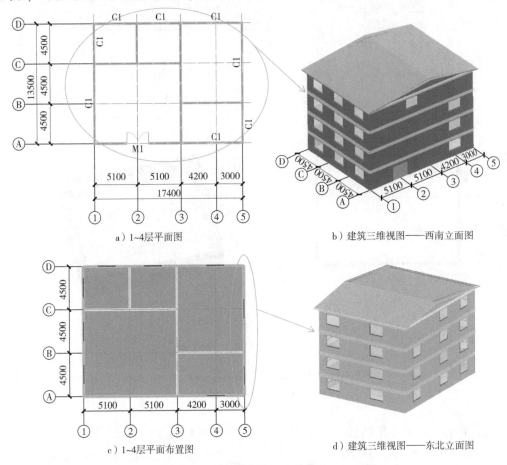

a) 1~4层平面图 b) 建筑三维视图——西南立面图

c) 1~4层平面布置图 d) 建筑三维视图——东北立面图

图4-14 抹灰线条油漆平面图和立面图

【解】

1. 清单工程量计算规则	2. 工程量计算
按设计图示尺寸以长度计算。计量单位：m。	$L = (17.4 + 13.5 + 0.2 \times 4) \times 2 \times 4$ $= 250.4\text{m}$

式中：

17.4——装饰线条的长；

13.5——装饰线条的宽；

0.2——墙厚；

4——层数。

4.3.3 满刮腻子

项目编码：011403003 项目名称：满刮腻子

【例4-15】某建筑层高为3m，按设计要求对外墙内表面进行刮腻子，前后为200mm，如图4-15所示，试计算满刮腻子工程量。

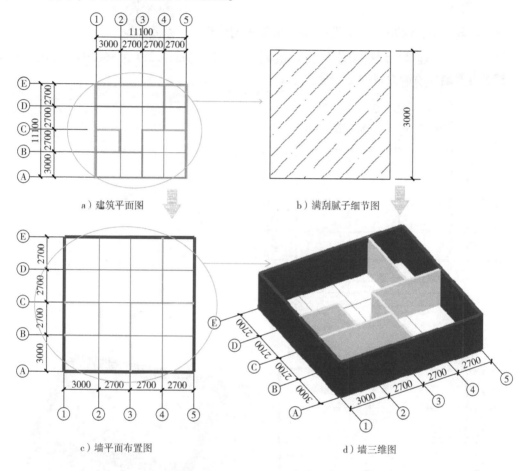

a）建筑平面图 b）满刮腻子细节图

c）墙平面布置图 d）墙三维图

图4-15 满刮腻子平面图和三维图

【解】

1. 清单工程量计算规则

按设计图示尺寸以面积计算。

计量单位：m²。

2. 工程量计算

$$S = [11.0 \times 4 - 0.2 \times (4 + 5)] \times 3$$
$$= 126.6 m^2$$

式中：

11.0——外墙内表面总长；

0.2——墙厚；

3——墙高。

4.4 喷刷涂料

4.4.1 墙面喷刷涂料

项目编码：011404001　　项目名称：墙面喷刷涂料

【例4-16】某建筑外墙按设计要求喷刷涂料，墙高为3m，墙厚为360mm，如图4-16所示，试计算其墙面喷刷涂料的工程量。

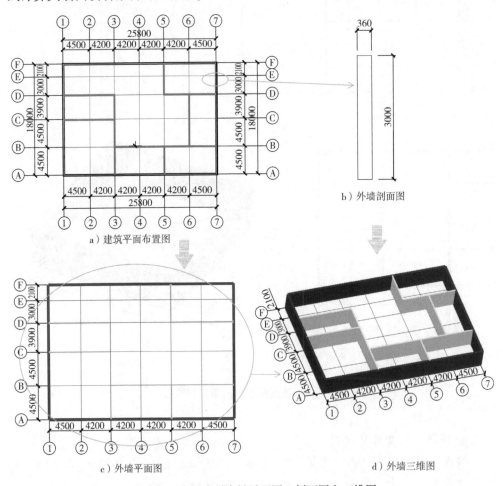

图4-16　墙面喷刷涂料平面图、剖面图和三维图

【解】

1. 清单工程量计算规则 按设计图示尺寸以面积计算。 计量单位：m^2。	2. 工程量计算 $S = (18.0 + 25.8 + 0.36 \times 2) \times 2 \times 3$ $= 267.12 m^2$

式中:

$(18.0+25.8+0.36\times2)\times2$ ——外墙周长;

0.36 ——墙厚;

3 ——墙高。

4.4.2 天棚喷刷涂料

项目编码:011404002　　**项目名称:天棚喷刷涂料**

【例4-17】某建筑按设计要求对天棚喷刷涂料,墙厚为200mm,如图4-17所示,试计算天棚喷刷涂料工程量。

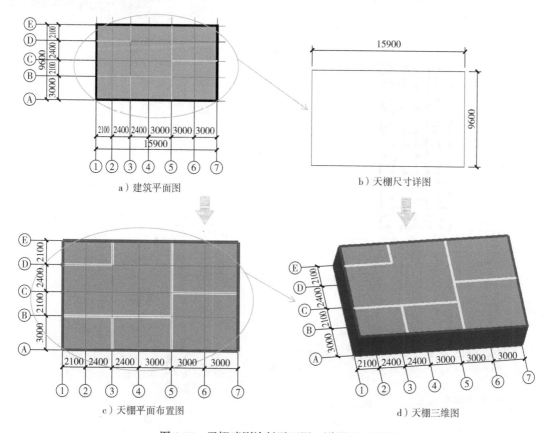

a) 建筑平面图　　　　　b) 天棚尺寸详图

c) 天棚平面布置图　　　　d) 天棚三维图

图4-17　天棚喷刷涂料平面图、详图和三维图

【解】

| 1. 清单工程量计算规则 | 2. 工程量计算 |

1. 清单工程量计算规则

按设计图示尺寸以面积计算。

计量单位:m²。

2. 工程量计算

$S=15.9\times9.6-[0.1\times(15.9+9.6)\times2-0.1\times$
$0.1\times4+0.2\times(2.1+2.4-0.2-0.2)+$
$(15.8-0.2-0.2)\times0.2+(3-0.2)\times0.2]$
$=143.12m^2$

式中：

15.9——天棚的长度；

0.2——墙厚；

9.6——天棚的宽度。

4.4.3 空花格、栏杆刷涂料

项目编码：011404003   项目名称：空花格、栏杆刷涂料

【例4-18】某建筑的室内设计中，需要对空花格进行刷涂料，如图4-18所示，试计算空花格刷涂料工程量。

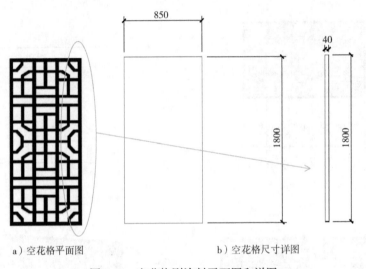

a）空花格平面图   b）空花格尺寸详图

图4-18　空花格刷涂料平面图和详图

【解】

1. 清单工程量计算规则

按设计图示尺寸以单面外围面积计算。

计量单位：m²。

➡

2. 工程量计算

$S = 0.85 \times 1.8$

$= 1.53 m^2$

⬇

式中：

0.85——空花格宽度；

1.8——空花格高度。

4.4.4 线条刷涂料

项目编码：011404004   项目名称：线条刷涂料

【例4-19】某卧室内设置一全身镜，镜框宽为60mm，需对镜框刷涂料，如图4-19所示，试求对镜框线条刷涂料的工程量。

图4-19 线条刷涂料示意图

【解】

1. 清单工程量计算规则
按设计图示尺寸以长度计算。
计量单位：m。

↓

2. 工程量计算
$L = (1.48 + 0.4) \times 2$
$= 3.76m$

↓

式中：
1.48——镜框的高；
0.4——镜框的宽。

4.4.5 金属面刷防火涂料

项目编码：011404005 项目名称：金属面刷防火涂料

【例4-20】某建筑设计中在屋外设置钢板架，如图4-20所示，试求对该钢板金属面刷防火涂料的工程量。

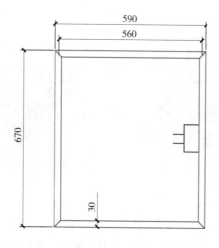

图4-20 金属面刷防火涂料示意图

【解】

1. 清单工程量计算规则
按设计展开面积计算。
计量单位：m²。

→

2. 工程量计算
$S = 0.67 \times 0.59$
$= 0.40m^2$

↓

式中：

0.67——金属面的长；

0.59——金属面的宽。

4.4.6 金属构件刷防火涂料

项目编码：011404006   项目名称：金属构件刷防火涂料

【例 4-21】某建筑中设计钢屋面，采用 8mm 厚钢板，两侧各宽出墙面水平距离 600mm，需要对屋面刷防火涂料，如图 4-21 所示，试计算钢屋面刷防火涂料工程量。

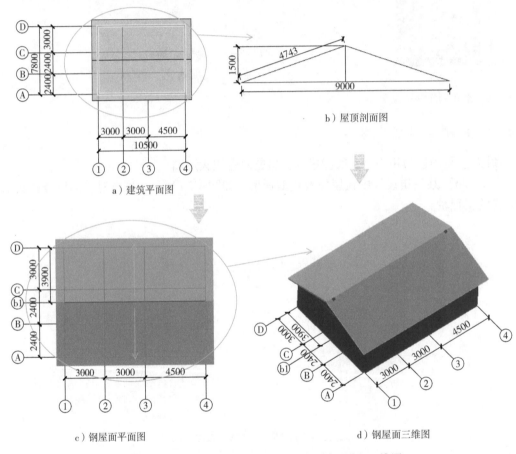

a）建筑平面图

b）屋顶剖面图

c）钢屋面平面图

d）钢屋面三维图

图 4-21 金属构件刷防火涂料平面图、剖面图和三维图

【解】

1. 清单工程量计算规则

按设计图示尺寸以质量计算。

计量单位：t。

2. 工程量计算

金属构件质量 = 4.743 × 10.5 × 2 × 62.8

= 6255.07kg

= 6.26t

式中：

4.743×10.5——屋面尺寸；

2——屋面数量；

62.8——8mm厚钢板的理论质量。

4.4.7 木材构件喷刷防火涂料

项目编码：011404007 项目名称：木材构件喷刷防火涂料

【例4-22】 如图4-22所示，某建筑室内装饰客厅用木龙骨做吊顶，用30mm×40mm木材做龙骨，间距400mm，需喷刷防火涂料，试计算木龙骨喷刷防火涂料工程量。

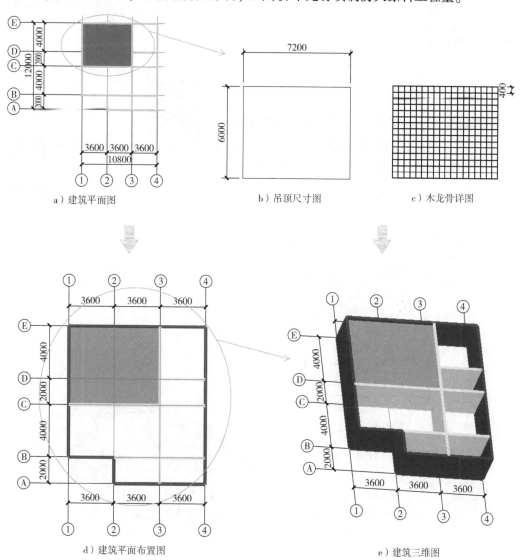

a）建筑平面图 b）吊顶尺寸图 c）木龙骨详图

d）建筑平面布置图 e）建筑三维图

图4-22 木材构件喷刷防火涂料平面图、详图和三维图

【解】

| 1. 清单工程量计算规则 按设计图示尺寸以面积计算。 计量单位：m²。 | 2. 工程量计算 $S = 7.2 \times 6.0$ $= 43.2m^2$ |

式中：

7.2——吊顶的长；

6.0——吊顶的宽。

4.5 裱糊

4.5.1 墙纸裱糊

项目编码：011405001　项目名称：墙纸裱糊

【例4-23】图4-23为某住宅卧室平面图，墙面按设计要求裱糊墙纸，墙高为3m，墙厚为240mm，试计算房间内墙面裱糊墙纸工程量。

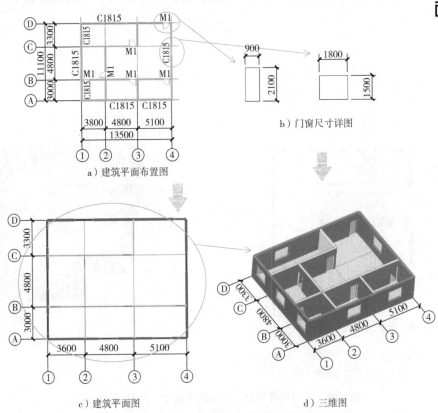

图4-23　墙纸裱糊平面图、详图和三维图

【解】

1. 清单工程量计算规则

按设计图示尺寸以面积计算。

计量单位：m^2。

➡️

2. 工程量计算

$$S = \left[(13.5 - 0.24 \times 3) + (13.5 - 0.24 \times 2) + \right.$$
$$(11.1 - 0.24 \times 3) + (11.1 - 0.24 \times 2) +$$
$$(3.6 + 4.8 - 0.24) + (3.3 - 0.24) + 3.3 +$$
$$(3.6 + 4.8 - 0.24 - 0.12) + (4.8 + 3.0 -$$
$$0.24 \times 2) \times 2 + (13.5 - 0.24 \times 3) \times 2 +$$
$$0.24 + (3.0 - 0.24) \times 2 \left] \times 3 - 0.9 \times 2.1 \times \right.$$
$$6 - 1.8 \times 1.5 \times 7$$
$$= 345.96 - 11.34 - 18.9$$
$$= 315.72 m^2$$

➡️

式中：

13.5——建筑平面长度；

11.1——建筑平面宽度；

0.24——墙厚；

2.1×0.9——门 M1 的面积；

1.5×1.8——窗 C1815 的面积。

4.5.2　织锦缎裱糊

项目编码：011405002　　项目名称：织锦缎裱糊

【例 4-24】 图 4-24 为某住宅平面图，墙面按设计要求裱糊织锦缎，墙高为 3m，墙厚为 240mm，试计算房间内墙面裱糊织锦缎工程量。

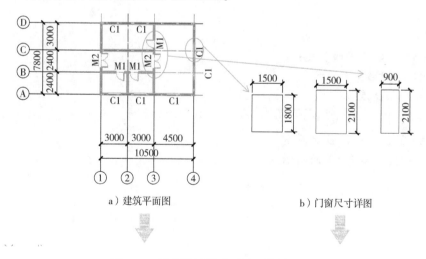

a）建筑平面图　　　　　　　　　b）门窗尺寸详图

图 4-24　织锦缎裱糊平面图、详图和三维图

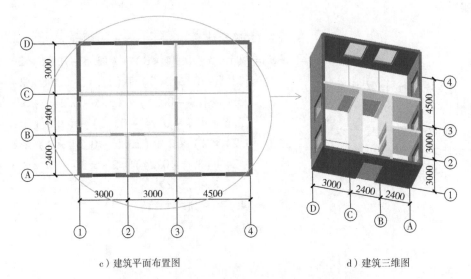

c）建筑平面布置图   d）建筑三维图

图 4-24 织锦缎裱糊平面图、详图和三维图（续）

【解】

1. 清单工程量计算规则

按设计图示尺寸以面积计算。

计量单位：m²。

2. 工程量计算

$S = (10.5 - 0.24 \times 2) \times 3 + (10.5 - 0.24 \times 3) \times 3 + (7.8 - 0.24 \times 3) \times 3 \times 2 + (7.8 - 0.24) \times 3 \times 2 + (3.0 \times 2 - 0.24) \times 3 \times 3 + (3.0 \times 2 - 0.24 \times 2) \times 3 + (2.4 - 0.24) \times 3 - 1.5 \times 1.8 \times 7 - 0.9 \times 2.1 \times 3 - 1.5 \times 2.1 \times 2$

$= 222.12 - 30.87$

$= 191.25 \text{m}^2$

式中：

10.5——建筑平面长度；

7.8——建筑平面宽度；

0.24——墙厚；

0.9×2.1——门 M1 的面积；

1.5×2.1——门 M2 的面积；

1.5×1.8——窗 C1 的面积。

第5章 其他装饰工程

5.1 柜类、货架

5.1.1 柜类

项目编码：011501001　　项目名称：柜类

【例5-1】某房屋厨房装饰装修安装壁橱，装饰示意图如图5-1所示，试求其工程量。

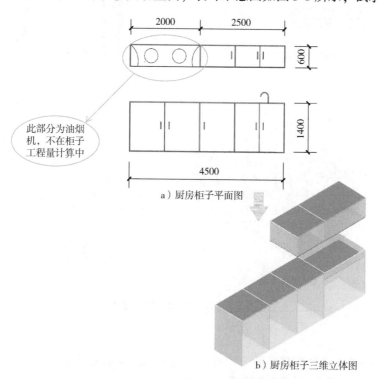

2000　2500

600

此部分为油烟
机，不在柜子
工程量计算中

1400

4500

a）厨房柜子平面图

b）厨房柜子三维立体图

图5-1　厨房壁橱平面及三维示意图

【解】

1. 清单工程量计算规则

按设计图示尺寸以正投影面积计算。

计量单位：m²。

2. 工程量计算

$S = 2.5 \times 0.6 + 4.5 \times 1.4$

$= 7.8 \text{m}^2$

式中：

2.5×0.6——上部分柜子平面面积；

4.5×1.4——下部分柜子平面面积。

5.1.2 货架

项目编码：011501002   项目名称：货架

【例5-2】某仓库购买货架，仓库布置示意图如图5-2所示，试求其工程量。

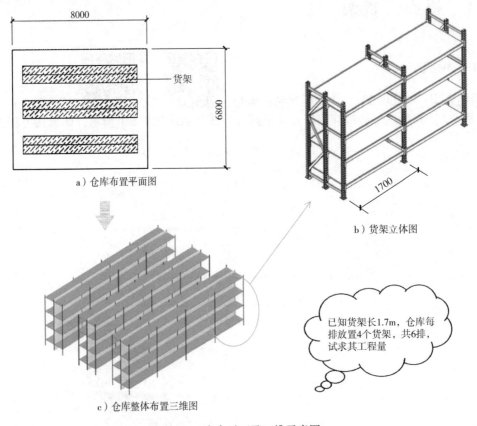

a）仓库布置平面图

b）货架立体图

已知货架长1.7m，仓库每排放置4个货架，共6排，试求其工程量

c）仓库整体布置三维图

图5-2　仓库平面及三维示意图

【解】

| 1. 清单工程量计算规则 按设计图示尺寸以延长米计算。 计量单位：m。 | 2. 工程量计算 $L = 4 \times 6 \times 1.7$ $= 40.8m$ |

式中：

4——每排货架个数；

6——货架排数；

1.7——每个货架的长度。

5.2　装饰线条

项目编码：011502001　　　项目名称：装饰线条

【例 5-3】某房屋装修门框采用装饰线条，房屋装修示意图如图 5-3 所示，试求其工程量。

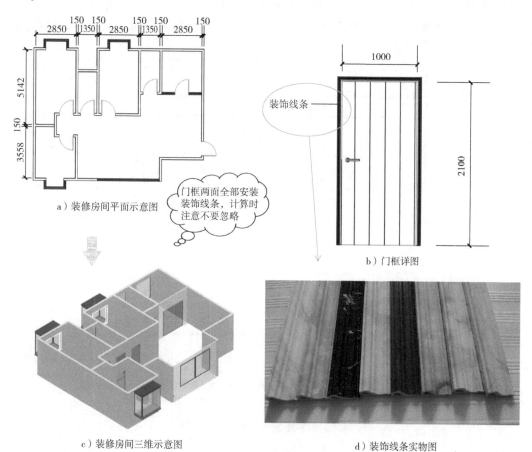

a）装修房间平面示意图

b）门框详图

门框两面全部安装装饰线条，计算时注意不要忽略

c）装修房间三维示意图

d）装饰线条实物图

图 5-3　房屋装修平面及三维示意图

【解】

1. 清单工程量计算规则
按设计图示尺寸以长度计算。
计量单位：m。

2. 工程量计算
$L = (2.1 \times 2 + 1) \times 2 \times 7$
$= 72.8\text{m}$

式中：

$(2.1 \times 2 + 1) \times 2$——1 个门框需要粘贴的工程量；

7——门框个数。

5.3 扶手、栏杆、栏板装饰

5.3.1 带扶手的栏杆、栏板

项目编码：011503001　　项目名称：带扶手的栏杆、栏板

【例5-4】某希望小学装设外走道栏杆，平面施工图示意图如图5-4所示，试求其工程量。

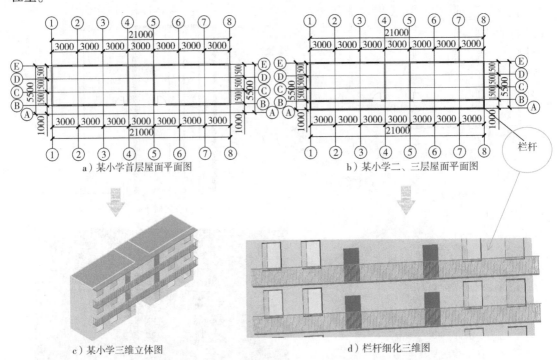

图5-4　小学施工平面及三维示意图

【解】

1. 清单工程量计算规则

按设计图示尺寸以扶手中心线长度计算

计量单位：m。

2. 工程量计算

$$L = (21 + 1 \times 2) \times 2 = 46 \text{m}$$

式中：

$(21 + 1 \times 2)$——单层栏杆的工程量；

2——层数。

注意：包括弯头长度。

5.3.2 不带扶手的栏杆、栏板

项目编码：011503002　　项目名称：不带扶手的栏杆、栏板

【例5-5】某工程项目部施工设置栏杆，平面施工图示意图如图5-5所示，试求其工程量。

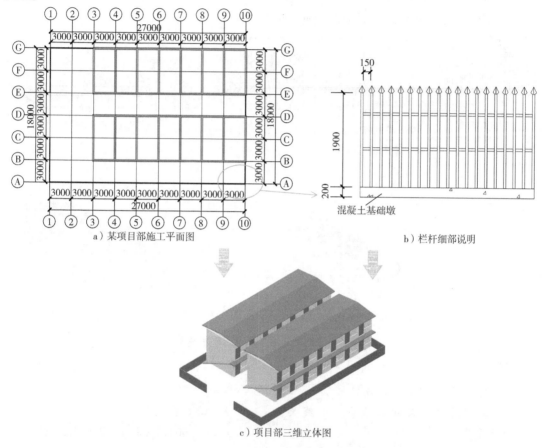

a）某项目部施工平面图　　　　　　　b）栏杆细部说明

混凝土基础墩

c）项目部三维立体图

图5-5　项目部平面及三维示意图

【解】

1. 清单工程量计算规则

按设计图示尺寸以扶手中心线长度计算。

计量单位：m。

2. 工程量计算

$$L = 6 + 6 + 6 + 27 + 3 + 3$$
$$= 51m$$

式中：

6 + 6——门口边两部分围栏的长度；

6 + 27 + 3——门口与房子下部分围栏的长度；

3——两间房子间的长度。

注意：包括弯头长度。

5.3.3 扶手

项目编码：011503003   项目名称：扶手

【例5-6】某地下通道设置贴墙扶手，平面施工图示意图如图5-6所示，试求其工程量。

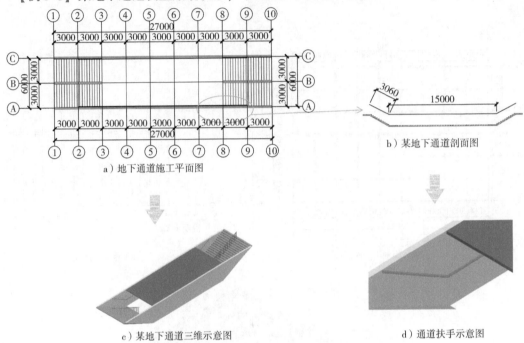

图5-6 某地下通道平面及三维示意图

【解】

1. 清单工程量计算规则

按设计图示尺寸以扶手中心线长度计算。

计量单位：m。

➡

2. 工程量计算

$L = (3.06 \times 2 + 15) \times 2 = 42.24\text{m}$

⬇

式中：

$(3.06 \times 2 + 15)$——单侧扶手长度；

2——共有两侧。

注意：包括弯头长度。

5.4 暖气罩

项目编码：011504001   项目名称：暖气罩

【例5-7】某房屋装修设置暖气罩，平面施工图示意图如图5-7所示，试求其工程量。

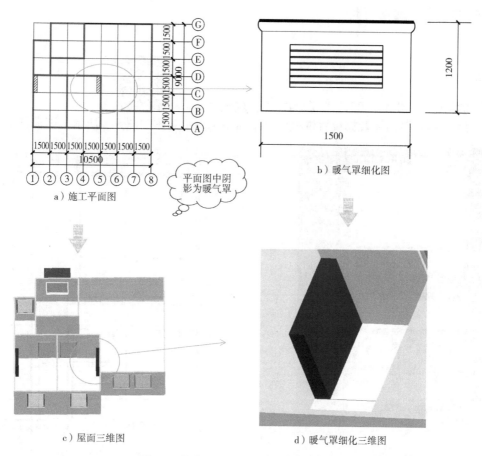

a）施工平面图

平面图中阴影为暖气罩

b）暖气罩细化图

c）屋面三维图

d）暖气罩细化三维图

图5-7 某房屋平面及三维示意图

【解】

1. 清单工程量计算规则

按设计图示尺寸以垂直投影面积（不展开）计算。

计量单位：m^2。

2. 工程量计算

$S = 1.2 \times 1.5 \times 2$

$= 3.6m^2$

式中：

1.5——暖气罩的长边；

1.2——暖气罩的高；

2——房间暖气罩个数。

5.5 浴厨配件

5.5.1 洗漱台

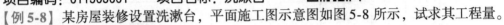

项目编码：011505001　　项目名称：洗漱台

【例5-8】某房屋装修设置洗漱台，平面施工图示意图如图5-8所示，试求其工程量。

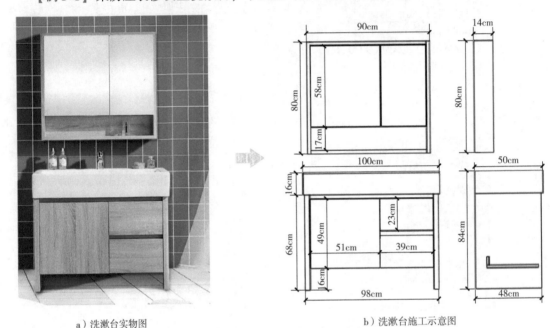

a）洗漱台实物图　　　　　　　　　　　　　　b）洗漱台施工示意图

图5-8　洗漱台平面示意图及实物图

【解】

> 1. 清单工程量计算规则
> 按设计图示尺寸以台面外接矩形面积计算。
> 计量单位：m²。

➡

> 2. 工程量计算
> $S = 1 \times 0.5$
> $= 0.5 \text{m}^2$

⬇

式中：

1——洗漱台水平投影面外径长；

0.5——洗漱台水平投影面外径宽。

注意：不扣除孔洞、挖弯、削角所占面积，挡板、吊沿板面积并入台面面积内。

5.5.2　洗厕配件

项目编码：011505002　　项目名称：洗厕配件

【例 5-9】某公共厕所装修，平面施工图示意图如图 5-9 所示，试求其工程量。

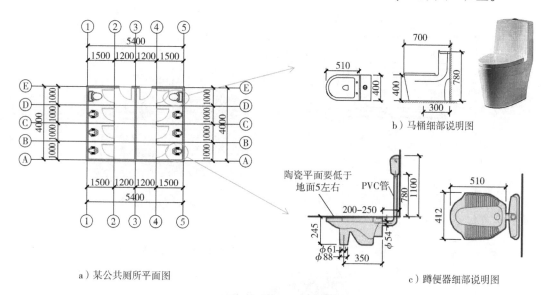

图 5-9　公共厕所装修平面施工图及细部构造图

【解】

1. 清单工程量计算规则
按设计图示数量计算。
计量单位：个。

2. 工程量计算
马桶工程量为 2 个。
蹲便器工程量为 6 个。

式中：
因配件工程量按个计算，所以只需清点图纸中配件个数。

5.5.3　镜面玻璃

项目编码：011505003　　项目名称：镜面玻璃

【例 5-10】某房屋浴卫装修，做干湿分明隔离，镜面玻璃高为 2.2m，墙厚为 200mm，隔离材质为镜面玻璃，施工图示意图如图 5-10 所示，试求其工程量。

【解】

1. 清单工程量计算规则
按设计图示尺寸以边框外围面积计算。
计量单位：m^2。

2. 工程量计算
$$S = (2.3 - 0.2) \times 2.2$$
$$= 4.62 m^2$$

式中：

2.3 - 0.2——镜面玻璃的宽度；

2.2——镜面玻璃的高。

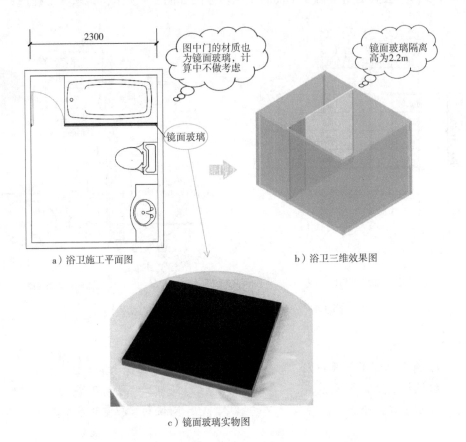

a）浴卫施工平面图

b）浴卫三维效果图

c）镜面玻璃实物图

图 5-10　某浴卫施工平面图、三维效果图及镜面玻璃实物图

5.5.4　镜箱

项目编码：011505004　　项目名称：镜箱

【例 5-11】某房屋两个卫生间中分别安装一个镜箱，镜箱示意图如图 5-11 所示，试求其工程量。

【解】

1. 清单工程量计算规则
按设计图示数量计算。
计量单位：个。

2. 工程量计算
镜箱工程量为 2 个。

式中：
因配件工程量按个计算，所以只需清点图纸中配件个数。

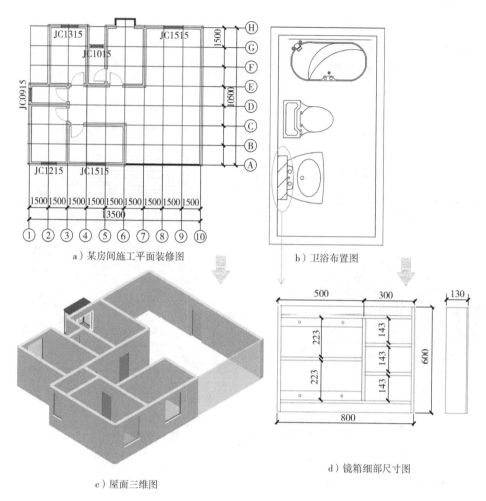

d）镜箱细部尺寸图

c）屋面三维图

图 5-11　某卫生间镜箱安装尺寸构造图及屋面三维立体图

5.6　雨篷、旗杆、装饰柱

5.6.1　雨篷吊挂饰面

项目编码：011506001　　　项目名称：雨篷吊挂饰面

【例 5-12】某写字楼大门入口安装雨篷，雨篷示意图如图 5-12 所示，试求其工程量。

【解】

1. 清单工程量计算规则	2. 工程量计算
按设计图示尺寸以水平投影面积计算。 计量单位：m^2。	$S = 4.85 \times 2.45$ 　$= 11.88 m^2$

式中：

4.85——水平投影的长；

2.45——水平投影的宽。

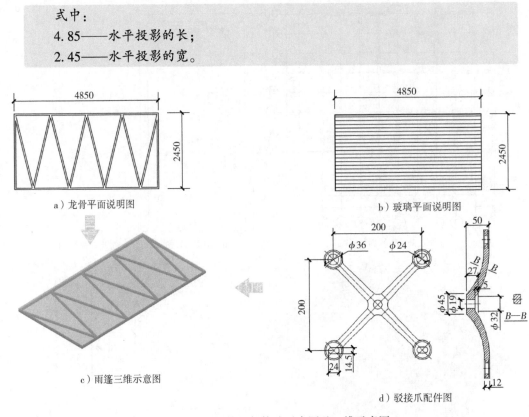

a）龙骨平面说明图

b）玻璃平面说明图

c）雨篷三维示意图

d）驳接爪配件图

图 5-12 某雨篷细部构造示意图及三维示意图

5.6.2 金属旗杆

项目编码：011506002   项目名称：金属旗杆

【例5-13】某学校安装旗杆，旗杆示意图如图 5-13 所示，试求其工程量。

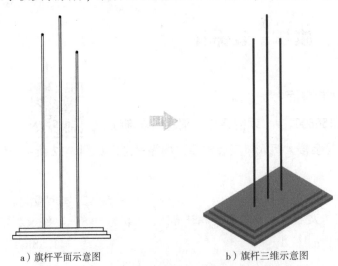

a）旗杆平面示意图

b）旗杆三维示意图

图 5-13 某旗杆平面及三维示意图

【解】

1. 清单工程量计算规则
按设计图示数量计算。
计量单位：根。

→

2. 工程量计算
旗杆工程量为3根。

↓

式中：
因配件工程量按个计算，所以只需清点图纸中配件个数。

5.6.3 玻璃雨篷

项目编码：011506003 **项目名称：玻璃雨篷**

【例5-14】某公园通道出入口处安装玻璃雨篷，雨篷示意图如图5-14所示，试求其工程量。

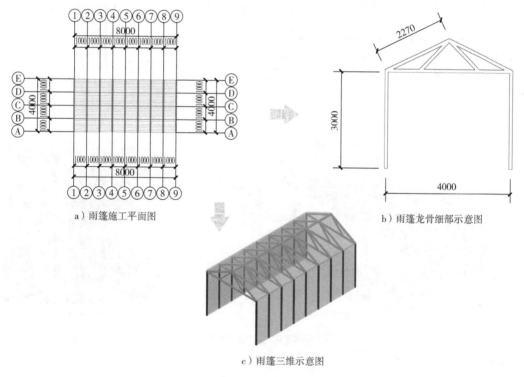

a) 雨篷施工平面图

b) 雨篷龙骨细部示意图

c) 雨篷三维示意图

图5-14 玻璃雨篷示意图

【解】

1. 清单工程量计算规则
按设计图示尺寸以水平投影面积计算。
计量单位：m²。

→

2. 工程量计算
$S = 3 \times 8 \times 2 + 2.27 \times 8 \times 2$
$= 84.32\text{m}^2$

↓

式中:

$3 \times 8 \times 2$——两侧立面玻璃面积;

$2.27 \times 8 \times 2$——两侧斜面顶板面积。

5.6.4 成品装饰柱

项目编码: 011506004　　**项目名称:** 成品装饰柱

【**例 5-15**】某酒店大堂内设有 4 根成品装饰柱,如图 5-15 所示,试求其工程量。

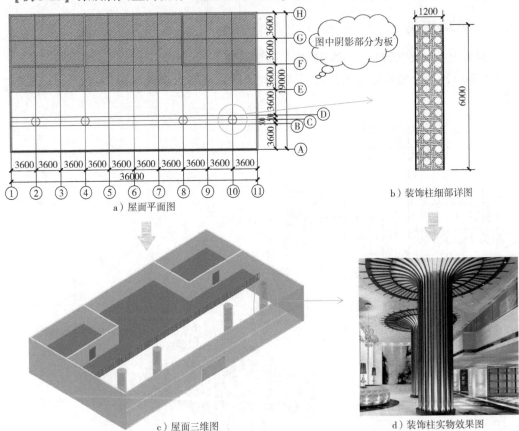

图 5-15　成品装饰柱

【解】

1. 清单工程量计算规则
按设计图示数量计算。
计量单位:根。

➡

2. 工程量计算
装饰柱工程量为 4 根。

⬇

式中:
因配件工程量按个计算,所以只需清点图纸中配件个数。

5.7 招牌、灯箱

5.7.1 平面、箱式招牌

项目编码：011507001　　项目名称：平面、箱式招牌

【例5-16】某餐厅装修安装箱式招牌，示意图及尺寸如图5-16所示，试求其工程量。

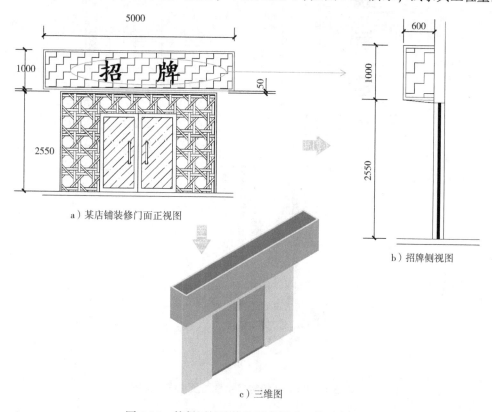

a）某店铺装修门面正视图

b）招牌侧视图

c）三维图

图5-16　某餐厅招牌构造示意图及三维示意图

【解】

1. 清单工程量计算规则

按设计图示尺寸以正立面边框外围面积计算。

计量单位：m²。

2. 工程量计算

$$S = 1 \times 5 = 5m^2$$

式中：

1——招牌正投影的高；

5——招牌正投影的长。

注：复杂形的凹凸造型部分不增加面积。

5.7.2 竖式标箱

项目编码：011507002   项目名称：**竖式标箱**

【例 5-17】某便利店装修购买竖式标箱，示意图如图 5-17 所示，试求其工程量。

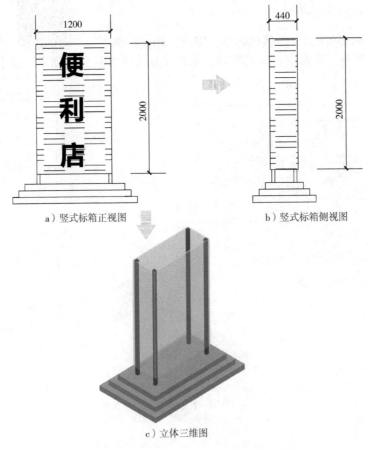

a）竖式标箱正视图   b）竖式标箱侧视图

c）立体三维图

图 5-17   竖式标箱构造示意图及三维示意图

【解】

1. 清单工程量计算规则
按设计图示数量计算。
计量单位：个。

2. 工程量计算
标箱工程量为 1 个。

式中：
因配件工程量按个计算，所以只需清点图纸中配件个数。

5.7.3 灯箱

项目编码：011507003   项目名称：**灯箱**

【例 5-18】某小区设置广告栏位购买灯箱，示意图如图 5-18 所示，试求其工程量。

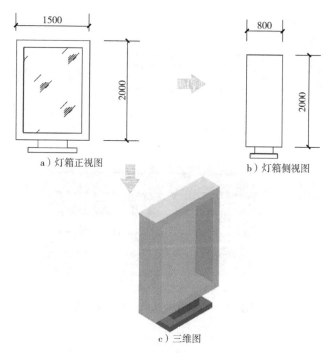

a）灯箱正视图　　　　　　　b）灯箱侧视图

c）三维图

图5-18 灯箱构造示意图及三维示意图

【解】

1. 清单工程量计算规则
按设计图示数量计算。
计量单位：个。

2. 工程量计算
灯箱工程量为1个。

式中：
因配件工程量按个计算，所以只需清点图纸中配件个数。

5.7.4 信报箱

项目编码：011507004　　项目名称：信报箱

【例5-19】某小区大厅放置信报箱，示意图如图5-19所示，试求其工程量。

【解】

1. 清单工程量计算规则
按设计图示数量计算。
计量单位：个。

2. 工程量计算
信报箱工程量为1个。

式中：
因配件工程量按个计算，所以只需清点图纸中配件个数。

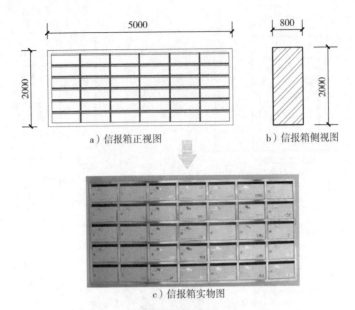

a）信报箱正视图　　　　　　　　　　b）信报箱侧视图

c）信报箱实物图

图 5-19　信报箱构造示意图及实物图

5.8　美术字

项目编码：011508001　　　项目名称：美术字

【例 5-20】鸿图集团公司前台安装美术字，示意图如图 5-20 所示，试求其工程量。

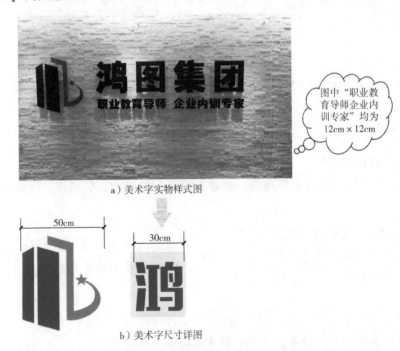

a）美术字实物样式图

图中"职业教育导师企业内训专家"均为 12cm × 12cm

b）美术字尺寸详图

图 5-20　美术字实物样式图及尺寸详图

【解】

1. 清单工程量计算规则
按设计图示数量计算。
计量单位：个。

2. 工程量计算
美术字工程量为
50cm×50cm：1 个。
30cm×30cm：4 个。
12cm×12cm：12 个。

式中：
因配件工程量按个计算，所以只需清点图纸中配件个数。

第6章 房屋修缮工程

6.1 砖砌体拆除

项目编码：011601001   项目名称：砖砌体拆除

【例6-1】某砖砌体拆除工程拆除240mm的墙，砌体材质为加气混凝土砌块，拆除高度为3m，砌体外墙的附着物种类为抹灰层25mm，工程示意图如图6-1所示，试根据图示信息计算该砖砌体工程的工程量。

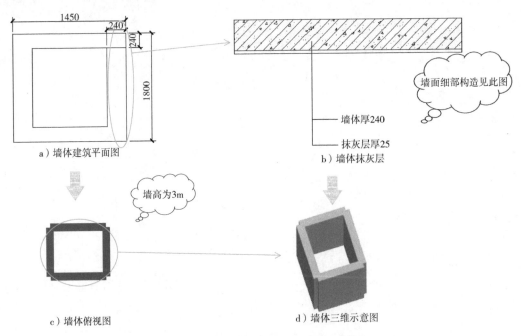

a）墙体建筑平面图   b）墙体抹灰层

墙面细部构造见此图

墙体厚240
抹灰层厚25

墙高为3m

c）墙体俯视图   d）墙体三维示意图

图6-1 砖砌体拆除平面及三维示意图

【解】

1. 清单工程量计算规则

按拆除的体积计算。计量单位：m³。

2. 工程量计算

$$V_{砖砌体拆除} = (1.8 + 0.025 \times 2) \times (0.24 + 0.025) \times 3 \times 2 + (1.45 - 0.24 \times 2) \times (0.24 + 0.025) \times 3 \times 2$$

$$= 4.48 \text{m}^3$$

式中：

1.8、1.45——墙体的轴线长度；

0.24+0.025——砌体的厚度（其中0.24是墙厚，0.025是抹灰层的厚度）；

3——砌体拆除的高度；

2——相同的砌体平面的个数。

注意：1. 砌体名称指墙、柱、水池等。

2. 砌体表面的附着物种类指抹灰层、块料层、龙骨及装饰面层等。

6.2 混凝土及钢筋混凝土构件拆除

6.2.1 混凝土构件拆除

项目编码：011602001 项目名称：混凝土构件拆除

【例6-2】现浇混凝土柱断面尺寸为400mm×600mm，柱高4.5m，混凝土为C20（40）的现浇碎石混凝土，工程示意图如图6-2所示，试根据图示信息计算该混凝土构件拆除的工程量。

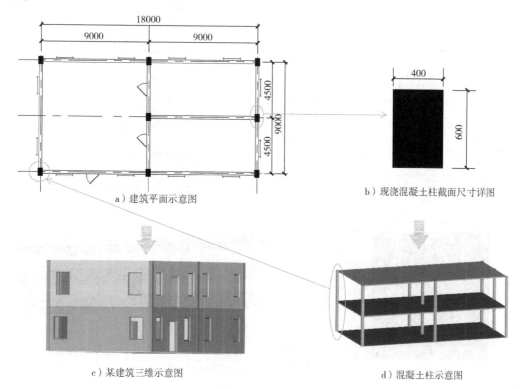

a）建筑平面示意图

b）现浇混凝土柱截面尺寸详图

c）某建筑三维示意图

d）混凝土柱示意图

图6-2 现浇混凝土柱平面及三维示意图

【解】

1. 清单工程量计算规则
按拆除构件的混凝土体积计算。
计量单位：m³。

➡

2. 工程量计算
$$V_{混凝土柱} = 0.4 \times 0.6 \times 4.5 \times 8$$
$$= 8.64 m^3$$

⬇

式中：
0.4、0.6——混凝土柱的截面尺寸；
4.5——现浇混凝土柱的高度；
8——现浇混凝土柱的个数。

注意：构件表面的附着物种类指抹灰层、块料层、龙骨及装饰面层等。

6.2.2 钢筋混凝土构件拆除

项目编码：011602002　　项目名称：**钢筋混凝土构件拆除**

【例6-3】某三层住宅楼层的钢筋混凝土柱尺寸为500mm×500mm，其中每层有18根柱，并且都需要拆除，钢筋混凝土柱构件表面的附着物种类是20mm的抹灰层，工程示意图如图6-3所示，试根据图示信息计算该钢筋混凝土构件拆除的工程量。

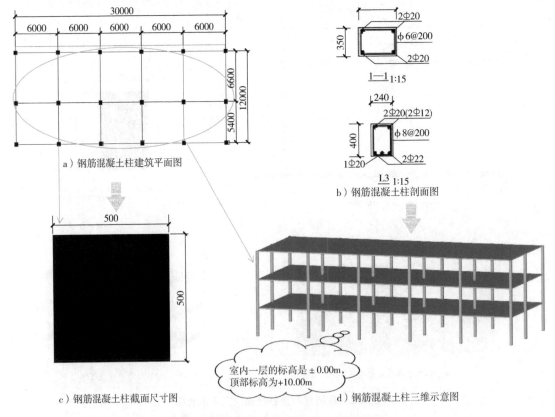

a）钢筋混凝土柱建筑平面图

b）钢筋混凝土柱剖面图

c）钢筋混凝土柱截面尺寸图

d）钢筋混凝土柱三维示意图

室内一层的标高是±0.00m，顶部标高为+10.00m

图6-3　钢筋混凝土柱平面及三维示意图

【解】

1. 清单工程量计算规则
按拆除构件的混凝土体积计算。
计量单位：m^3。

2. 工程量计算
$V_{钢筋混凝土柱} = (0.5 + 0.02) \times (0.5 + 0.02) \times 10 \times 18$
$= 48.67 m^3$

式中：
$(0.5 + 0.02) \times (0.5 + 0.02)$——钢筋混凝土柱的面积；
10——钢筋混凝土柱的高度；
18——钢筋混凝土柱的个数。

注意：构件表面的附着物种类指抹灰层、块料层、龙骨及装饰面层等。

6.3 木构件拆除

项目编码：011603001 　　项目名称：木构件拆除

【例6-4】 某工程，木柱高度为3m，工程示意图如图6-6所示，试根据图纸信息计算该工程木构件的工程量。

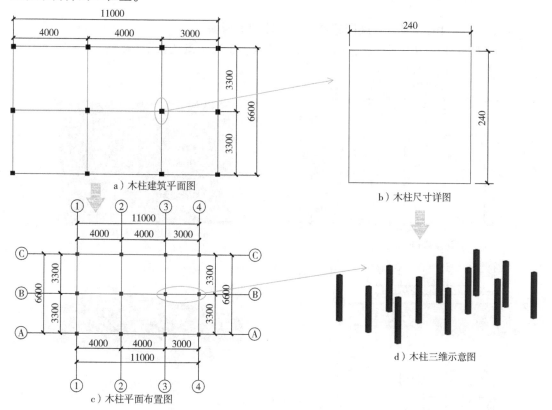

a）木柱建筑平面图

b）木柱尺寸详图

c）木柱平面布置图

d）木柱三维示意图

图6-4 柱平面及三维示意图

【解】

1. 清单工程量计算规则 按拆除构件的体积计算。 计量单位：m^3。	2. 工程量计算 $V_{木柱} = 0.24 \times 0.24 \times 3 \times 12$ $= 2.07m^3$

式中：

0.24——木柱的长度；

0.24——木柱的宽度；

3——木柱的高度；

12——同样木柱的个数。

注意：1. 拆除木构件应按木梁、木柱、木楼梯、木屋架、承重木楼板等分别在构件名称中描述。

2. 构件表面的附着物种类指抹灰层、块料层、龙骨及装饰面层等。

6.4 抹灰层及保温层拆除

6.4.1 平面抹灰层拆除

项目编码：011604001　　项目名称：平面抹灰层拆除

【例6-5】某建筑物平面抹灰，用水泥砂浆抹灰，工程示意图如图6-9所示，试根据图纸信息计算该工程的工程量。

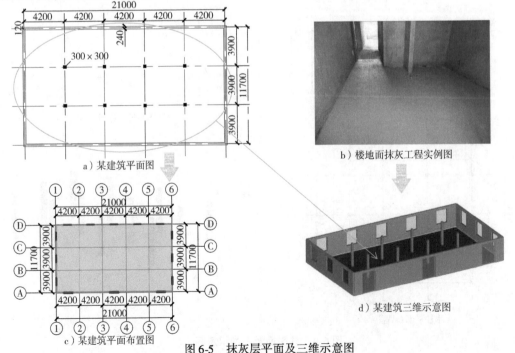

a）某建筑平面图

b）楼地面抹灰工程实例图

c）某建筑平面布置图

d）某建筑三维示意图

图6-5 抹灰层平面及三维示意图

【解】

1. 清单工程量计算规则

按拆除部位的面积计算。

计量单位：m^2。

2. 工程量计算

$S_{抹灰} = (21 - 0.12 \times 2) \times (11.7 - 0.12 \times 2) - 0.3 \times 0.3 \times 8 = 237.19 m^2$

式中：

11.7——抹灰层的宽度；

21——抹灰层的长度；

0.12×2——两边各伸进$0.12m$；

0.3×0.3——图中柱子的截面尺寸面积；

8——柱子的个数。

注意：抹灰层种类可描述为一般抹灰或装饰抹灰。

6.4.2　立面抹灰层拆除

项目编码：011604002　　**项目名称**：立面抹灰层拆除

【例6-6】某立面抹灰工程拆除（属外墙抹灰），墙厚为240mm，两边各凸出0.12mm；建筑物高度为4.2m，门、窗洞口尺寸分别为1500mm×2400mm和1800mm×1500mm，工程示意图如图6-6所示，试根据图示信息计算该工程外墙立面抹灰的工程量。

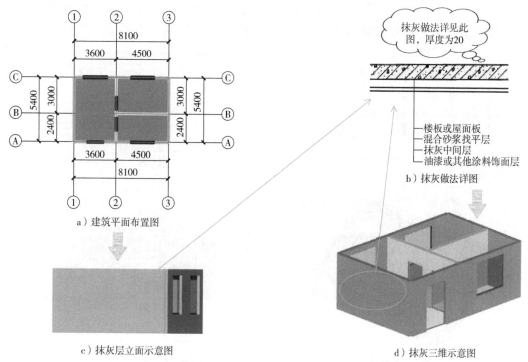

a）建筑平面布置图

b）抹灰做法详图

c）抹灰层立面示意图

d）抹灰三维示意图

图6-6　抹灰层立面及三维示意图

【解】

1. 清单工程量计算规则
按拆除部位的面积计算。
计量单位：m²。

2. 工程量计算
$$S_{抹灰} = [(8.1 + 0.12 \times 2) + (5.4 + 0.12 \times 2)] \times 4.2 \times 2 - 1.5 \times 2.4 \times 3 - 1.8 \times 1.5 \times 3 = 98.53 \text{m}^2$$

式中：
4.2——抹灰层的高度；
8.1、5.4——抹灰层的轴线尺寸；
2——相同面积抹灰层的个数；
0.12×2——两边各凸出 0.12m；
1.5×2.4——单个门的面积；
1.8×1.5——单个窗的面积；
3——门、窗洞口的个数。

注意：抹灰层种类可描述为一般抹灰或装饰抹灰。

6.4.3 天棚抹灰面拆除

项目编码：011604003 **项目名称：天棚抹灰面拆除**

【例 6-7】某天棚抹灰工程拆除，30mm 厚 1:25 水泥砂浆找平，10mm 厚 1:20 水泥砂浆抹灰，墙厚为 240mm，工程示意图如图 6-7 所示，试根据图示信息计算该工程抹灰的工程量。

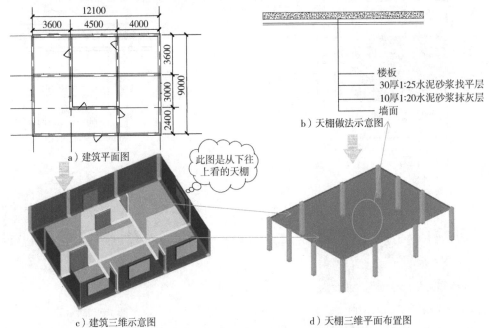

图 6-7 天棚抹灰平面及三维示意图

【解】

1. 清单工程量计算规则

按拆除部位的面积计算。

计量单位：m²。

2. 工程量计算

$$S_{抹灰} = (9 - 0.24) \times (12.1 - 0.24)$$
$$= 103.89 m^2$$

式中：

9——天棚的轴线宽度；

12.1——天棚的轴线长度；

0.24——墙厚。

注意：抹灰层种类可描述为一般抹灰或装饰抹灰。

6.4.4 平面保温层拆除

项目编码：011604004   项目名称：平面保温层拆除

【例6-8】某平面保温层工程拆除，工程示意图如图6-8所示（建筑平面图为轴线尺寸标注），墙厚为240mm，试根据图示信息计算该保温层拆除的工程量。

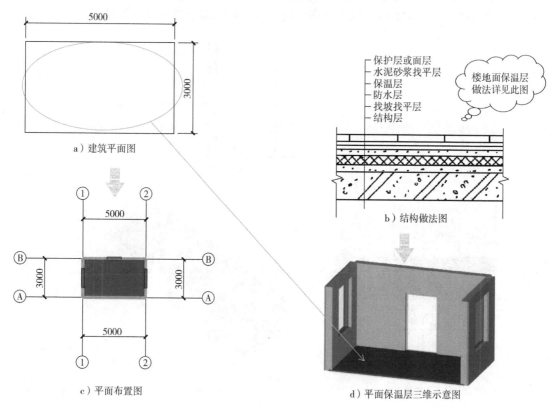

图6-8　保温层平面及三维示意图

【解】

1. 清单工程量计算规则 按拆除部位的面积计算。 计量单位：m²。	2. 工程量计算 $S_{保温} = (3 - 0.24) \times (5 - 0.24)$ $= 13.14m^2$

式中：
3——楼地面的轴线宽度；
5——楼地面的轴线长度；
0.24——墙体厚度。

注意：抹灰层种类可描述为一般抹灰或装饰抹灰。

6.4.5 立面保温层拆除

项目编码：011604005   项目名称：立面保温层拆除

【例6-9】某住宅楼立面保温层工程拆除，工程示意图如图6-9所示（建筑平面图为轴线尺寸标注），建筑物高度为4.2m，墙厚为240mm，窗口尺寸均为1500mm×2100mm，门洞口尺寸为1200mm×2400mm，试根据图示信息计算该保温层拆除的工程量。

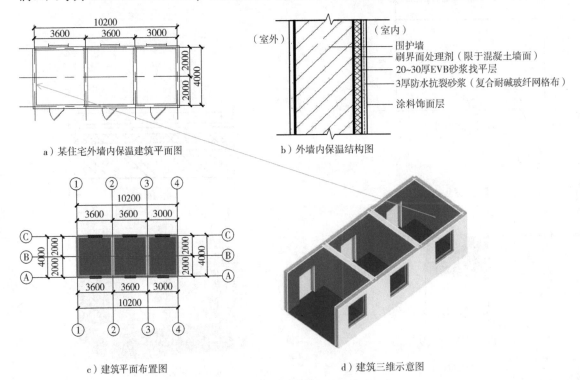

a）某住宅外墙内保温建筑平面图

b）外墙内保温结构图

c）建筑平面布置图

d）建筑三维示意图

图6-9 保温层立面及三维示意图

【解】

1. 清单工程量计算规则
按拆除部位的面积计算。
计量单位：m²。

➡

2. 工程量计算
$S_{保温} = [(3.6 - 0.24) \times 4 + (3 - 0.24) \times 2 + (4 - 0.24) \times 6] \times 4.2 - 1.5 \times 2.1 \times 3 - 1.2 \times 2.4 \times 3$
$= 156.29\text{m}^2$

⬇

式中：
3.6、3、4——墙体的轴线宽度；
0.24——墙体厚度；
4、2、6——相同内墙保温层面积的个数；
4.2——建筑物的高度；
1.5×2.1——单个窗口的面积；
1.2×2.4——单个门洞口的面积；
3——门、窗洞口相同面积的个数。

注意：抹灰层种类可描述为一般抹灰或装饰抹灰。

6.4.6 天棚保温层拆除

项目编码：011604006   项目名称：天棚保温层拆除

【例6-10】某天棚保温层工程拆除，工程示意图如图6-10所示，墙体厚度为240mm，轴线居中，试根据图示信息计算该天棚保温层拆除的工程量。

【解】

1. 清单工程量计算规则
按拆除部位的面积计算。
计量单位：m²。

➡

2. 工程量计算
$S_{天棚保温层拆除} = (12.0 - 0.24) \times (12.1 - 0.24) - 0.3 \times 0.3 \times 2$
$= 139.29\text{m}^2$

⬇

式中：
12——天棚保温层的轴线宽度；
12.1——天棚保温层的轴线长度；
0.24——墙体厚度；
0.3×0.3——柱子的截面面积；
2——柱子的个数。

注意：抹灰层种类可描述为一般抹灰或装饰抹灰。

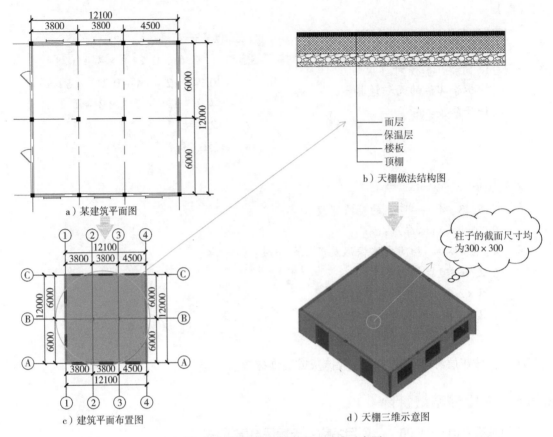

a）某建筑平面图

b）天棚做法结构图

面层
保温层
楼板
顶棚

柱子的截面尺寸均
为300×300

c）建筑平面布置图

d）天棚三维示意图

图6-10　天棚保温层平面及三维示意图

6.5 块料面层拆除

6.5.1 平面块料面层拆除

项目编码：011605001　　项目名称：平面块料面层拆除

【例6-11】某装贴在一楼楼地面的上表面的拆除工程，工程示意图如图6-11所示，墙体厚度为240mm，轴线居中，试根据图示信息计算该工程块料面层拆除的工程量。

【解】

1. 清单工程量计算规则
按拆除面积计算。
计量单位：m²。

2. 工程量计算

$$S_{块料面层} = (6.6 - 0.12 \times 2) \times (11 - 0.12 \times 2) - (11 - 0.24) \times 0.24$$
$$= 65.85\text{m}^2$$

式中：

　6.6——面层的轴线宽度；

　11——面层的轴线长度；

　0.12×2——两边墙体各伸出的长度。

注意：1. 如仅拆除块料层，拆除的基层类型不用描述。

2. 拆除的基层类型的描述指砂浆层、防水层、干挂或挂贴所采用的钢骨架层等。

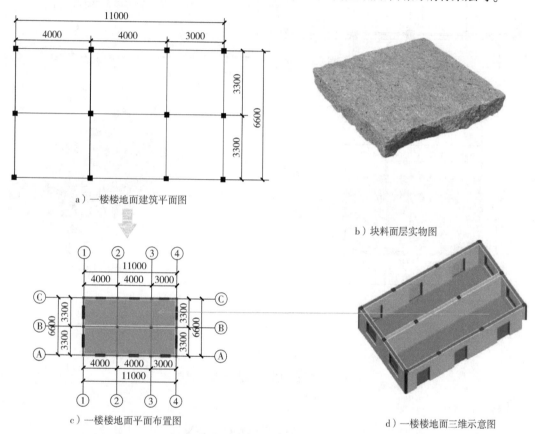

a）一楼楼地面建筑平面图

b）块料面层实物图

c）一楼楼地面平面布置图

d）一楼楼地面三维示意图

图6-11　块料面层平面及三维示意图

6.5.2　立面块料面层拆除

项目编码：011605002　　项目名称：立面块料面层拆除

【例6-12】某超市装贴在室外墙面块料面层的拆除工程示意图如图6-12所示，其中墙体高度为4.5m，门的尺寸为1500mm×2400mm，窗的尺寸均为1200mm×1800mm，试根据图示信息计算该工程块料面层拆除的工程量。

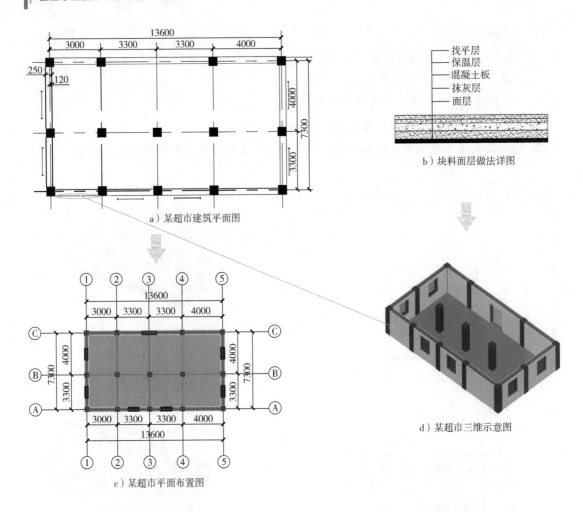

图 6-12　块料面层立面及三维示意图

【解】

1. 清单工程量计算规则
按拆除面积计算。
计量单位：m^2。

2. 工程量计算
$$S_{块料面层} = (13.6 + 0.25 \times 2) \times 2 \times 4.5 + (7.3 + 0.25 \times 2) \times 2 \times 4.5 - 1.5 \times 2.4 - 1.2 \times 1.8 \times 6 = 180.54 m^2$$

式中：
$(13.6 + 0.25 \times 2) \times 2 + (7.3 + 0.25 \times 2) \times 2$——外墙体面层的宽度；
4.5——面层的高度；
$1.5 \times 2.4 + 1.2 \times 1.8 \times 6$——门、窗洞口的面积。

注意：1. 如仅拆除块料层，拆除的基层类型不用描述。
2. 拆除的基层类型的描述指砂浆层、防水层、干挂或挂贴所采用的钢骨架层等。

6.6 龙骨及饰面拆除

6.6.1 楼地面龙骨及饰面拆除

项目编码: 011606001　　**项目名称:** 楼地面龙骨及饰面拆除

【例6-13】某二层楼地面龙骨及饰面工程拆除,采用50mm×30mm的木龙骨,间距为500mm,墙厚为240mm,轴线居中,工程示意图如图6-13所示,试根据图示信息计算该工程的工程量。

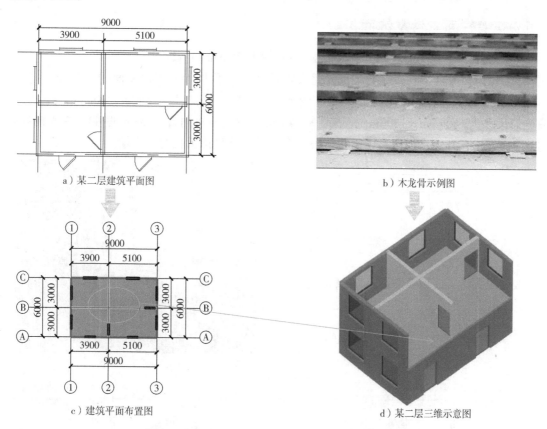

a) 某二层建筑平面图　　　　　　　　b) 木龙骨示例图

c) 建筑平面布置图　　　　　　　　d) 某二层三维示意图

图6-13　二层楼地面龙骨及饰面平面及三维示意图

【解】

1. 清单工程量计算规则

按拆除面积计算。

计量单位:m²。

2. 工程量计算

$$S_{二层楼地面龙骨及饰面拆除} = [(3.9 - 0.24) + (5.1 - 0.24)] \times (3 - 0.24) \times 2 - (9 - 0.24) \times 0.24 - (6 - 0.24 \times 2) \times 0.24$$

$$= 43.6 \text{m}^2$$

式中：

3.9 − 0.24、5.1 − 0.24——楼地面龙骨的长度；

(3 − 0.24) × 2——楼地板面龙骨的宽度；

0.24——墙体的厚度；

2——对称过去的木龙骨；

(9 − 0.24) × 0.24 − (6 − 0.24 × 2) × 0.24——内墙所占面积。

注意：1. 基层类型的描述指砂浆层、防水层等。

2. 如仅拆除龙骨及饰面，拆除的基层类型不用描述。

3. 如只拆除饰面，不用描述龙骨材料种类。

6.6.2 墙柱面龙骨及饰面拆除

项目编码：011606002　　项目名称：墙柱面龙骨及饰面拆除

【例6-14】某砖混房屋结构墙面龙骨及饰面拆除（只拆除外墙内墙面的木龙骨），如图6-14所示，高度为4.2m，设计为混合砂浆砌筑砖墙，门洞口尺寸均为1200mm×2100mm，窗洞口尺寸为1500mm×1800mm，墙厚为240mm；外墙面水刷石：15mm厚1:2.5水泥砂浆打底，10mm厚1:2水泥白石子浆；试根据图示信息计算该工程的工程量。

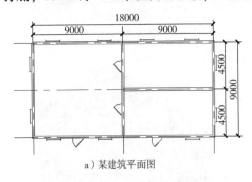

a）某建筑平面图

b）墙面木龙骨基层

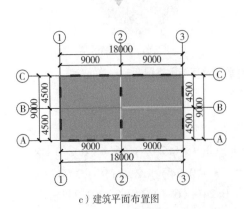

c）建筑平面布置图

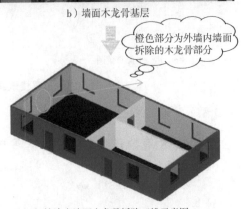

橙色部分为外墙内墙面
拆除的木龙骨部分

d）外墙内墙面木龙骨拆除三维示意图

图6-14　墙柱面龙骨及饰面平面及三维示意图

【解】

1. 清单工程量计算规则

　　按拆除面积计算。

　　计量单位：m²。

2. 工程量计算

$$S_{墙柱面龙骨及饰面拆除} = \{[(9-0.24+9-0.24)\times2]+[(9-0.24)+(4.5-0.24)\times2]\}\times4.2-1.2\times2.1\times2-1.5\times1.8\times11$$
$$=185m^2$$

式中：

9、4.5——墙体的轴线尺寸长度；

0.24——墙体的厚度；

4.2——墙体的高度；

1.2×2.1——单个门洞口的面积；

1.5×1.8——单个窗洞口的面积；

2——图中门洞口相同面积的个数；

11——图中窗洞口相同面积的个数。

注意：1. 基层类型的描述指砂浆层、防水层等。

2. 如仅拆除龙骨及饰面，拆除的基层类型不用描述。

3. 如只拆除饰面，不用描述龙骨材料种类。

6.6.3　天棚面龙骨及饰面拆除

项目编码：011606003　　项目名称：天棚面龙骨及饰面拆除

【例6-15】某天棚面龙骨及饰面工程拆除，工程示意图如图6-15所示，轴线居中，墙体厚度为240mm，试根据图示信息计算该天棚面的工程量。

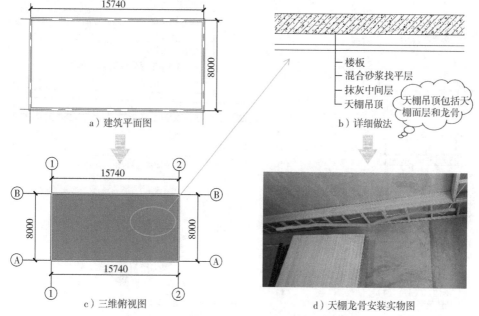

a）建筑平面图　　　　b）详细做法

c）三维俯视图　　　　d）天棚龙骨安装实物图

图6-15　天棚面龙骨及饰面平面及三维示意图

【解】

> 1. 清单工程量计算规则按拆除面积计算。
> 计量单位：m^2。

> 2. 工程量计算
> $S_{天棚面龙骨及饰面拆除} = (15.74 - 0.24) \times (8 - 0.24)$
> $= 120.28m^2$

式中：
15.74——天棚面的轴线长度；
8——天棚面的轴线宽度；
0.24——墙体的厚度。

注意：1. 基层类型的描述指砂浆层、防水层等。

2. 如仅拆除龙骨及饰面，拆除的基层类型不用描述。

3. 如只拆除饰面，不用描述龙骨材料种类。

6.7 屋面拆除

6.7.1 刚性层拆除

项目编码：011607001　　项目名称：刚性层拆除

【例 6-16】某屋面刚性层，结构层采用钢筋混凝土楼板；20mm 厚 1:3 的水泥砂浆找平；油毡隔离层；40mm 厚 C20 细石混凝土，内配 $\phi4mm@200mm \times 200mm$ 钢筋刚性层。工程示意图如图 6-16所示，墙体厚度为240mm，轴线居中，试根据图纸信息计算该刚性层屋面的工程量。

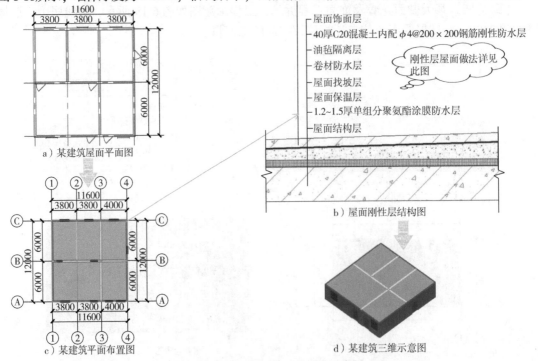

图 6-16　刚性屋面平面及三维示意图

【解】

> 1. 清单工程量计算规则按拆除部位的面积计算。计量单位：m²。

➡

> 2. 工程量计算
> $$S_{刚性层拆除} = (11.6 + 0.24) \times (12 + 0.24)$$
> $$= 144.92\text{m}^2$$

⬇

> 式中：
> 11.6——刚性层屋面的轴线宽度；
> 12——刚性层屋面的轴线长度；
> 0.24——墙体的厚度。

6.7.2 防水层拆除

项目编码：011607002　　项目名称：防水层拆除

【例6-17】某防水层屋面工程拆除，工程示意图如图6-17所示，墙体厚度为240mm，轴线居中，试根据图示信息计算该工程的工程量。

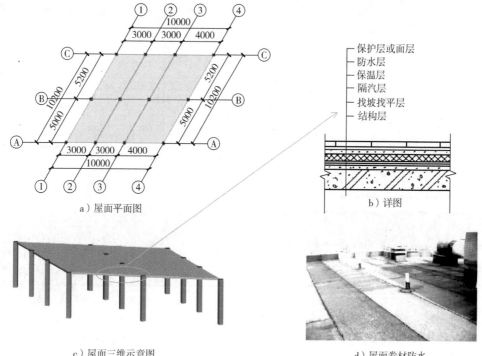

a）屋面平面图

b）详图

c）屋面三维示意图

d）屋面卷材防水

图6-17 防水屋面平面及三维示意图

【解】

> 1. 清单工程量计算规则按拆除部位的面积计算。计量单位：m²。

➡

> 2. 工程量计算
> $$S_{防水层拆除} = (10.2 + 0.24) \times (10 + 0.24)$$
> $$= 106.91\text{m}^2$$

⬇

式中：
10——防水层的轴线宽度；
10.2——防水层的轴线长度；
0.24——墙体的厚度。

6.8 铲除油漆、涂料、裱糊面

6.8.1 铲除油漆面

项目编码：011608001   项目名称：铲除油漆面

【例6-18】某建筑住宅木门修缮工程，尺寸如图6-18所示，油漆为底油一遍，调和漆三遍，图中实线为外墙外边线，试根据图示信息计算其工程量。

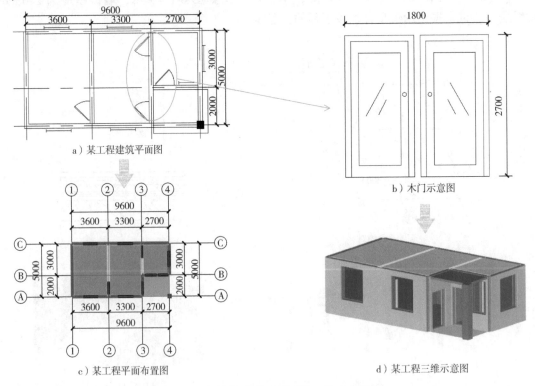

a）某工程建筑平面图

b）木门示意图

c）某工程平面布置图

d）某工程三维示意图

图6-18 铲除油漆面平面及三维示意图

【解】

1. 清单工程量计算规则	2. 工程量计算
按铲除部位的面积计算。计量单位：m²。	$S_{油漆面铲除} = 1.8 \times 2.7 \times 4$ $= 19.44 m^2$

式中：

1.8——木门的宽度；

2.7——木门的高度；

4——木门的个数。

注意：铲除部位名称的描述指墙面、柱面、天棚、门窗等。

6.8.2 铲除涂料面

项目编码：011608002 项目名称：铲除涂料面

【例6-19】某地下室平面图如图6-19所示，地面刷过氯乙烯涂料，试根据图示信息计算其工程量。

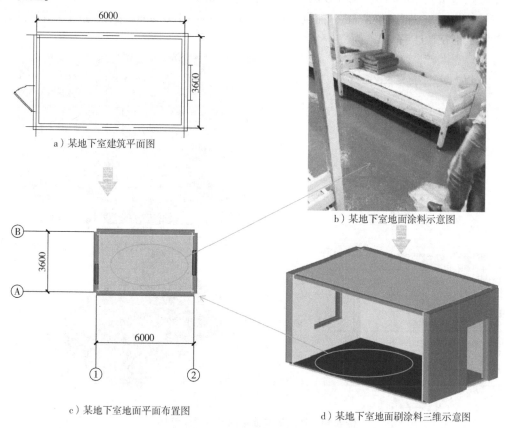

a）某地下室建筑平面图

b）某地下室地面涂料示意图

c）某地下室地面平面布置图

d）某地下室地面刷涂料三维示意图

图6-19 铲除涂料面平面及三维示意图

【解】

1. 清单工程量计算规则
按铲除部位的面积计算。
计量单位：m²。

2. 工程量计算

$$S_{涂料面铲除} = (6-0.24) \times (3.6-0.24)$$
$$= 19.35m^2$$

式中：

6——地面涂料的轴线长度；

3.6——地面涂料的轴线宽度；

0.24——墙体的厚度。

注意：铲除部位名称的描述指墙面、柱面、天棚、门窗等。

6.8.3 铲除裱糊面

项目编码：011608003   项目名称：铲除裱糊面

【例6-20】 某铲除裱糊面工程，工程平面图如图6-20所示，内墙面粘贴壁纸（门窗洞口侧面不粘贴壁纸），房间净高为4.5m，踢脚线高为150mm，墙体厚度为240mm，轴线居中，门洞口尺寸为1500mm×2400mm，窗洞口尺寸为1500mm×1800mm，试根据图示信息计算该工程的裱糊面铲除工程量。

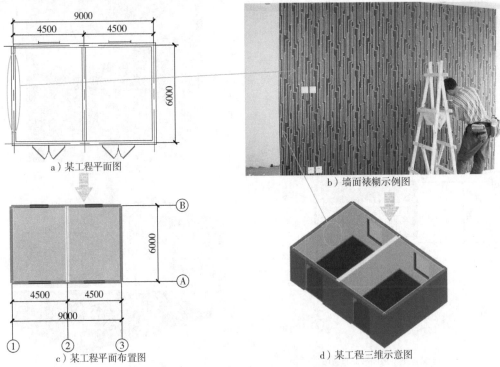

图6-20 铲除裱糊面平面及三维示意图

【解】

1. 清单工程量计算规则

按铲除部位的面积计算。

计量单位：m²。

2. 工程量计算

$$S_{裱糊面铲除} = (6 - 0.24 + 4.5 - 0.24) \times 2 \times (4.5 - 0.15) \times 2 - 1.5 \times 2.4 \times 2 - 1.5 \times 1.8 \times 2 = 161.75 m^2$$

式中：

6、4.5——裱糊面墙体的轴线尺寸标注宽度；

0.24——墙体的厚度；

4.5——房间的净高；

0.15——踢脚线的高度；

1.5×2.4——单个门洞口的面积；

1.5×1.8——单个窗洞口的面积；

2——门、窗洞口的个数。

注意：铲除部位名称的描述指墙面、柱面、天棚、门窗等。

6.9 栏杆、栏板、轻质隔断隔墙拆除

6.9.1 栏杆、栏板拆除

项目编码：011609001　　项目名称：栏杆、栏板拆除

【例6-21】某栏杆、栏板工程拆除，其中有8跑楼梯，采用不锈钢扶手栏杆，每跑楼梯高为2m，每跑楼梯扶手水平长为4m，工程示意图如图6-40所示，试根据图示信息计算该工程的工程量。

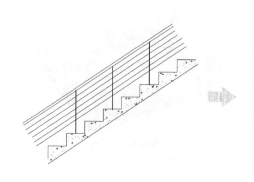

a）部分栏板剖面图

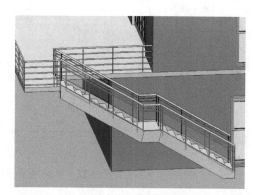

b）栏板三维示意图

图6-21 栏杆、栏板拆除平面及三维示意图

【解】

| 1. 清单工程量计算规则
按拆除的延长米计算。
计量单位：m。 | 2. 工程量计算 |

$$L_{栏杆、栏板拆除} = \sqrt{(2^2 + 4^2)} \times 8$$
$$= 35.78m$$

式中:

2——每跑楼梯高度;

4——每跑楼梯扶手水平长度;

8——跑数楼梯的个数。

6.9.2 隔断隔墙拆除

项目编码:011609002 项目名称:隔断隔墙拆除

【例6-22】 图6-22所示为某建筑普通砖砌隔墙,柱子的尺寸为400mm×400mm,隔墙厚度为120mm砖砌隔墙,高度为4m,轴线居中,试根据图示信息计算该工程中隔墙拆除的工程量。

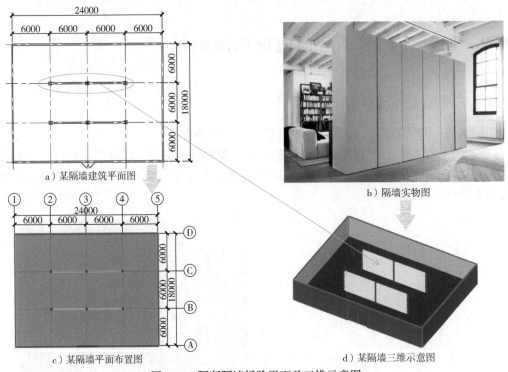

a)某隔墙建筑平面图　　b)隔墙实物图

c)某隔墙平面布置图　　d)某隔墙三维示意图

图6-22 隔断隔墙拆除平面及三维示意图

【解】

1. 清单工程量计算规则

按拆部位的面积计算。

计量单位:m²。

2. 工程量计算

$S_{隔墙} = (6 - 0.2 \times 2) \times 2 \times 4 \times 2$

$= 89.6 \text{m}^2$

式中:

$6 - 0.2 \times 2$——隔断墙的宽度;

4——隔断墙的高度;

0.2×2——0.2m是半个柱子的厚度,一边各半个;

2——隔断墙的个数。

6.10　门窗拆除

6.10.1　木门窗拆除

项目编码：011610001　　项目名称：木门窗拆除

【例6-23】某门窗工程拆除，其中有7扇单扇木门需要拆除，采用的尺寸均为900mm×2000mm，另有4扇木窗需要拆除（图中框选的木窗），每扇木窗的尺寸为1200mm×1500mm，工程示意图如图6-23所示，试根据图示信息计算该工程的工程量。

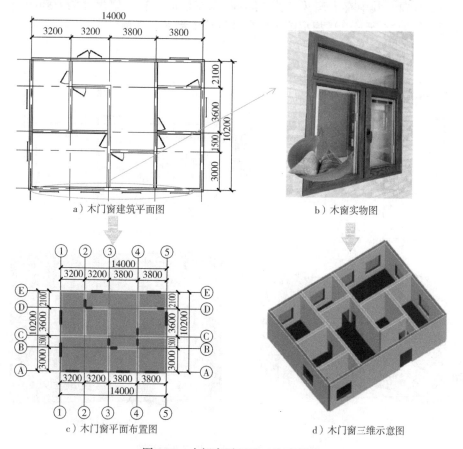

a）木门窗建筑平面图　　　　　　b）木窗实物图

c）木门窗平面布置图　　　　　　d）木门窗三维示意图

图6-23　木门窗平面及三维示意图

【解】

1. 清单工程量计算规则	2. 工程量计算
按拆除面积计算。 计量单位：m^2。	$S_{木门窗拆除} = 0.9 \times 2 \times 7 + 1.2 \times 1.5 \times 4$ $= 19.8m^2$

式中：

0.9×2——每扇木门的面积；

1.2×1.5——每扇木窗的面积；

7、4——木门、木窗的个数。

注意：室内高度指室内楼地面至门窗的上边框。

6.10.2 金属门窗拆除

项目编码：011610002   项目名称：金属门窗拆除

【例6-24】有门窗工程拆除，其中有5扇金属门，采用的尺寸均为3600mm×2600mm，另安装5扇金属窗，其中有1扇尺寸为2400mm×600mm，有4扇尺寸为600mm×900mm，工程示意图如图6-24所示，试根据图示信息计算该工程的工程量。

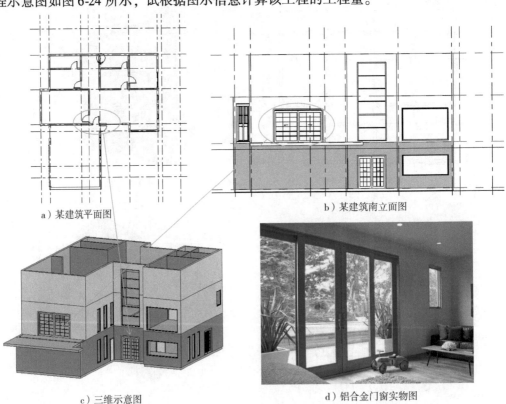

a）某建筑平面图

b）某建筑南立面图

c）三维示意图

d）铝合金门窗实物图

图6-24 金属门窗平面及三维示意图

【解】

1. 清单工程量计算规则

按拆除面积计算。

计量单位：m^2。

2. 工程量计算

$$S_{金属门窗拆除} = 3.6 \times 2.6 \times 5 + 2.4 \times 0.6 \times 1 + 0.6 \times 0.9 \times 4 = 50.4 m^2$$

式中：

3.6×2.6——每扇金属门的面积；

2.4×0.6、0.6×0.9——每扇金属窗的面积；

5、1、4——金属门、窗的个数。

注意：室内高度指室内楼地面至门窗的上边框。

6.11 金属构件拆除

6.11.1 钢梁拆除

项目编码：011611001　　项目名称：钢梁拆除

【例6-25】在某一工程中，部分位置采用钢梁，已知层高为3m，该钢梁的每米理论质量为93kg/m，其他相关信息如图6-25所示，试根据图示信息计算该工程中的钢梁拆除的工程量。

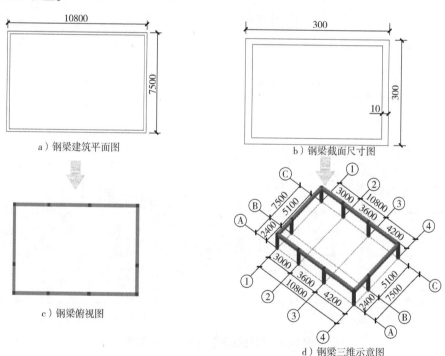

a）钢梁建筑平面图

b）钢梁截面尺寸图

c）钢梁俯视图

d）钢梁三维示意图

图6-25　钢梁拆除平面及三维示意图

【解】

1. 清单工程量计算规则

按拆除构件的质量计算。

计量单位：t。

2. 工程量计算

$$W_{钢梁拆除} = (10.8 + 7.5) \times 2 \times 93$$

$$= 3403.8 \text{kg}$$

$$= 3.404 \text{t}$$

式中：

（10.8 + 7.5）×2——钢梁的总长度；

93——该钢梁每米的理论质量。

6.11.2 钢柱拆除

项目编码：011611002　　项目名称：钢柱拆除

【例6-26】 在某一工程中，部分位置采用钢柱，已知层高为4m，该钢柱的每米理论质量为57.3kg/m，其他相关信息如图6-26所示，墙体厚度为240mm，轴线居中，试根据图示信息计算该工程中的钢梁拆除的工程量。

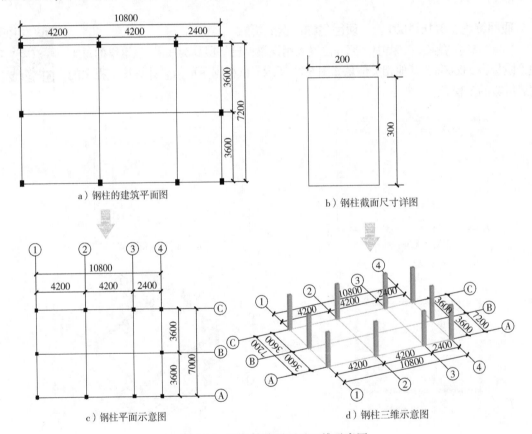

a）钢柱的建筑平面图

b）钢柱截面尺寸详图

c）钢柱平面示意图

d）钢柱三维示意图

图6-26　钢柱拆除平面及三维示意图

【解】

1. 清单工程量计算规则	2. 工程量计算
按拆除构件的质量计算。 计量单位：t。	$W_{钢柱拆除} = 4 \times 10 \times 57.3$ $= 2292\text{kg}$ $= 2.292\text{t}$

式中:

4×10——钢柱的总长度,其中10是该建筑中一共有10根相同的柱子,每根长4m;

57.3——该钢柱每米的理论质量。

6.11.3 钢网架拆除

项目编码:011611003　　项目名称:钢网架拆除

【例6-27】某厂房的纵向钢网架宽8m、高4m,其他相关信息如图6-27所示,其中天窗架部位采用∟50×50×5的角钢制作,其理论质量为3.77kg/m,试计算图中框选部分的钢网架拆除工程量。

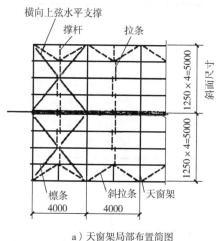

a)天窗架局部布置简图

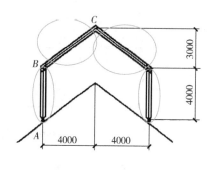

b)天窗架的结构简图

图6-27　钢网架拆除

【解】

1. 清单工程量计算规则
按设计图示尺寸以质量计算。
计量单位:t。

2. 工程量计算

$$L_{钢网架拆换} = \left[4 + \sqrt{3^2 + 4^2} \right] \times 2$$
$$= 18m$$
$$W_{钢网架拆换} = 18 \times 3.77 = 67.86kg$$
$$= 0.068t$$

式中:

4——AB段长度;

$\sqrt{3^2 + 4^2}$——BC段的长度;

2——天窗架是对称的;

3.77——角钢的理论质量。

6.12 管道及卫生洁具拆除

6.12.1 管道拆除

项目编码：011612001 项目名称：管道拆除

【例6-28】现有一给排水管道，直径为300mm，管段为铜-CECS171-1.0MPa，管道上的附着物为铁锈可忽略不计，该管道平面图的相关信息如图6-28所示，试根据图示信息计算该工程中管道的工程量。

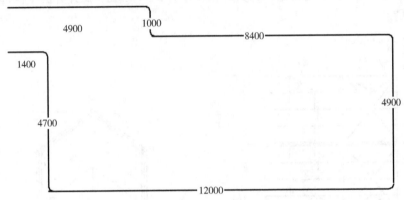

图6-28 管道拆除平面示意图

【解】

1. 清单工程量计算规则
按拆除管道的延长米计算。
计量单位：m。

2. 工程量计算
$L_{管道拆除} = 4.9 + 1 + 8.4 + 4.9 + 12 + 4.7 + 1.4$
$= 37.3m$

式中：
4.9、1、8.4、4.9、12、4.7、1.4——管道的各段长度。

6.12.2 卫生洁具拆除

项目编码：011612002 项目名称：卫生洁具拆除

【例6-29】现有一厕所标准层建筑平面详图，该厕所标准层的相关信息如图6-29所示，试根据图示信息计算该工程中卫生洁具洗脸池拆除的工程量。

【解】

1. 清单工程量计算规则
按拆除的数量计算。
计量单位：套。

2. 工程量计算
卫生洁具个数 = 4 + 5
= 9 套

式中：

4、5——厕所男女卫生间中洗脸池的个数。

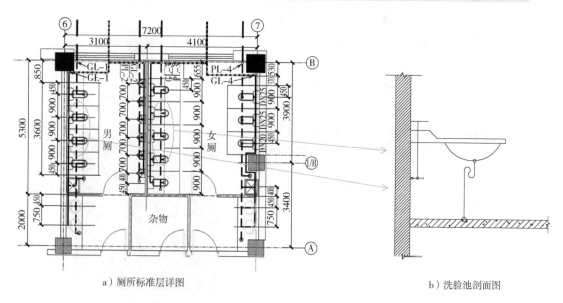

a）厕所标准层详图　　　　　　　　　　　b）洗脸池剖面图

图 6-29　卫生洁具拆除详图及剖面图

6.13　灯具、玻璃拆除

6.13.1　灯具拆除

项目编码：011613001　　　项目名称：灯具拆除

【例 6-30】某建筑需要灯具拆除，灯具的相关信息如图 6-30 所示，墙体厚度为 240mm，轴线居中，试根据图示信息计算该工程中灯具拆除的工程量。

【解】

> 1. 清单工程量计算规则
> 按拆除的数量计算。
> 计量单位：套。

➡

> 2. 工程量计算
> 灯具个数 =4 套

⬇

式中：

4——平面图中灯具的个数。

注意：拆除部位的描述指门窗玻璃、隔断玻璃、墙玻璃、家具玻璃等。

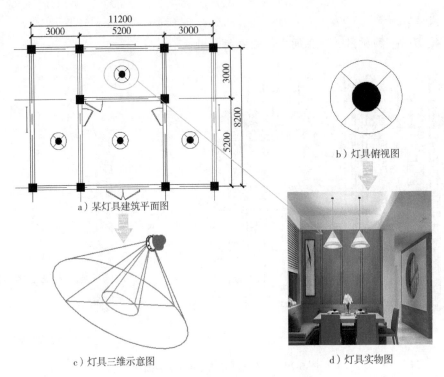

图 6-30　灯具拆除平面及三维示意图

6.13.2　玻璃拆除

项目编码：011613002　　项目名称：玻璃拆除

【例6-31】 某建筑需要拆除玻璃，玻璃的相关信息如图6-31所示，试根据图示信息计算该工程中玻璃拆除的工程量。

图 6-31　玻璃拆除平面及三维示意图

【解】

1. 清单工程量计算规则
按拆除的面积计算。
计量单位：m²。

2. 工程量计算
$S_{玻璃拆除} = 2.1 \times 5.6$
$= 11.76m^2$

式中：
2.1×5.6——玻璃的面积。

注意：拆除部位的描述指门窗玻璃、隔断玻璃、墙玻璃、家具玻璃等。

6.14 其他构件拆除

6.14.1 暖气罩拆除

项目编码：011614001　　项目名称：暖气罩拆除

【例6-32】拆除1个木质暖气罩，其中暖气罩的相关信息如图6-32所示，试根据图示信息计算该工程中暖气罩拆除的工程量。

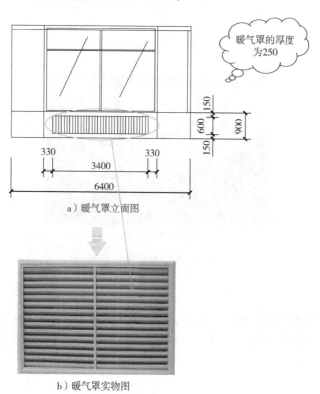

图 6-32　暖气罩拆除示意图

【解】

> 1. 清单工程量计算规则
> 按拆除垂直投影面积计算。
> 计量单位：m^2。

➡️

> 2. 工程量计算
> $S_{暖气罩拆除} = 3.4 \times 0.6$
> $= 2.04 m^2$

⬇️

> 式中：
> 3.4×0.6——暖气罩的垂直投影面积。

注意：1. 双轨窗帘轨拆除按双轨长度分别计算工程量。

2. 筒子板拆除包含门窗套的拆除。

6.14.2 窗台板拆除

项目编码： 011614002 　　**项目名称：窗台板拆除**

【例6-33】某大理石窗台板拆除，窗台板的相关信息如图6-33所示，试根据图示信息计算该工程中窗台板拆除的工程量。

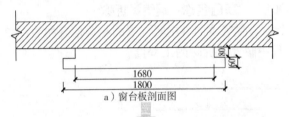

a）窗台板剖面图

b）窗台板实物图

图6-33　窗台板拆除示意图

【解】

> 1. 清单工程量计算规则
> 按拆除模板面积计算。
> 计量单位：m^2。

➡️

> 2. 工程量计算
> $S_{窗台板模板拆除} = 1.8 \times 0.06 + 1.68 \times 0.08$
> $= 0.24 m^2$

⬇️

> 式中：
> $1.8 \times 0.06 + 1.68 \times 0.08$——窗台板的面积。

注意：1. 双轨窗帘轨拆除按双轨长度分别计算工程量。

2. 筒子板拆除包含门窗套的拆除。

6.14.3 窗帘盒拆除

项目编码：011614003　　项目名称：窗帘盒拆除

【例6-34】某窗帘盒拆除工程，单轨窗帘盒的净宽为14cm，净高为12cm，窗户的长度为1800mm，窗帘盒的长度比窗户两侧各长18cm，其他相关信息如图6-34所示，试根据图示信息计算该工程中单轨窗帘盒拆除的工程量。

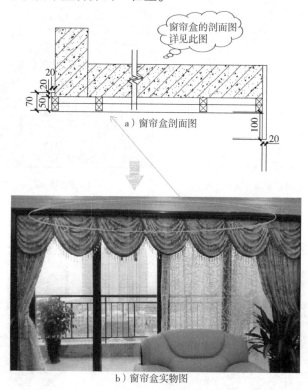

图6-34　窗帘盒拆除示意图

【解】

1. 清单工程量计算规则

按拆除的延长米计算。

计量单位：m。

2. 工程量计算

$L_{窗帘盒} = 1.8 + 0.18 \times 2$

$= 2.16m$

式中：

1.8——窗户的长度；

0.18×2——窗帘盒的长度比窗户两侧各长18cm。

注意：1. 双轨窗帘轨拆除按双轨长度分别计算工程量。

2. 筒子板拆除包含门窗套的拆除。

6.15 建筑物整体拆除

项目编码：011615001　　　项目名称：建筑物整体拆除

【例6-35】砖混结构的建筑物整体拆除，建筑物高度为4m，采用机械拆除的拆除方式，建筑物的其他相关信息如图6-35所示，试根据图示信息计算该工程中建筑物整体拆除的工程量。

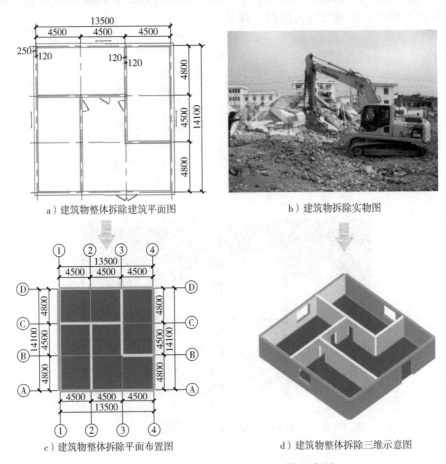

a）建筑物整体拆除建筑平面图　　　　　　b）建筑物拆除实物图

c）建筑物整体拆除平面布置图　　　　　　d）建筑物整体拆除三维示意图

图6-35　建筑整体拆除平面及三维示意图

【解】

1. 清单工程量计算规则
按建筑物拆除建筑面积计算。
计量单位：m²。

2. 工程量计算
$$S_{建筑物整体拆除} = (13.5 + 0.25 \times 2) \times (14.1 + 0.25 \times 2) = 204.4 \text{m}^2$$

式中：

（13.5 + 0.25 × 2）、（14.1 + 0.25 × 2）——建筑物的宽、长；

0.25 × 2——建筑物的两端各伸出 250mm 的外墙。

6.16 拆除建筑垃圾外运

6.16.1 楼层垃圾运出

项目编码：011616001   项目名称：楼层垃圾运出

【例 6-36】某二层住宅楼层垃圾运出采用人工运出，垂直运输距离为 18m，建筑物的其他相关信息如图 6-36 所示，楼层垃圾堆放处有建筑垃圾虚方 319.10m³。试计算该工程中楼层垃圾运出的工程量。

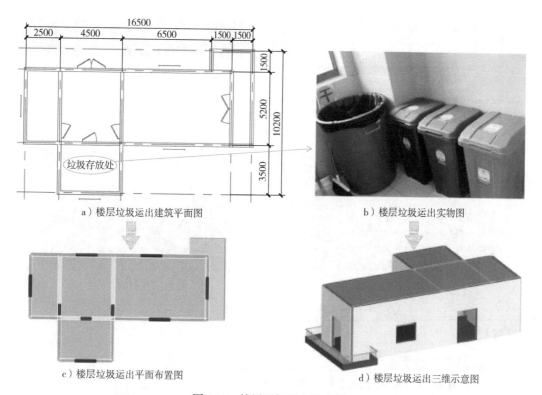

图 6-36 楼层垃圾运出示意图

【解】

1. 清单工程量计算规则

按运输建筑垃圾虚方以体积计算。

计量单位：m³。

2. 工程量计算

$V_{楼层垃圾运出} = 319.10m³$

式中：
319.10——垃圾虚方体积。

6.16.2 建筑垃圾外运

项目编码：011616002　　　项目名称：**建筑垃圾外运**

【例6-37】某建筑拆除之后垃圾外运采用直接运输方式（直接运输是指通常采用大型垃圾压缩车的形式对居民社区、街道、企事业单位内的生活垃圾进行直接压缩处理然后直接运往垃圾处理地），外运距离为8.6m，该建筑拆除后共有建筑垃圾525.3m³，建筑物的其他相关信息如图6-37所示，墙体厚度为240mm，试根据图示信息计算该工程中建筑垃圾外运的工程量。

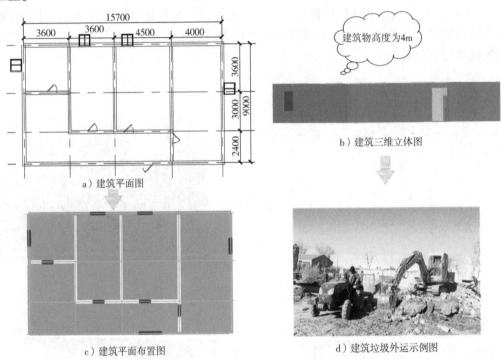

图6-37　某建筑垃圾外运示意图

【解】

1. 清单工程量计算规则
按运输建筑垃圾虚方以体积计算。
计量单位：m³。

2. 工程量计算
$V_{建筑垃圾外运} = 525.3m^3$

式中：
525.3——建筑物垃圾体积。

6.17 开孔（打洞）

项目编码：011617001　　　项目名称：开孔（打洞）

【例6-38】某墙面开孔（打洞），打孔部位的材质为钢筋混凝土，其中一个立面墙打一个这样的孔洞，一共4个立面墙，每个孔洞需要8个尺寸为直径400mm的圆洞口，其他相关信息如图6-38所示，建筑平面图中实线为轴线尺寸标注，轴线居中，墙体厚度为240mm，试根据图示信息计算该工程中开孔的工程量。

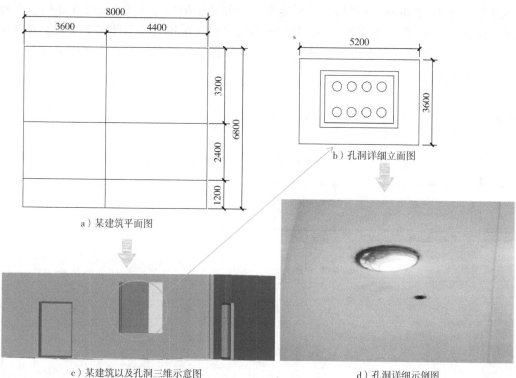

a）某建筑平面图

b）孔洞详细立面图

c）某建筑以及孔洞三维示意图

d）孔洞详细示例图

图6-38　开孔（打洞）平面及三维示意图

【解】

1. 清单工程量计算规则
按数量计算。
计量单位：个。

➡

2. 工程量计算
开孔（打洞）的个数 = 4×8
= 32 个

⬇

式中：
8——每个立面墙开孔（打洞）的个数；
4——立面墙的个数。

注意：1. 部位可描述为墙面或楼板。

2. 打洞部位材质可描述为页岩砖或空心砖或钢筋混凝土等。

6.18 混凝土结构加固

6.18.1 浇筑混凝土加固

项目编码： 011618001 **项目名称：** 浇筑混凝土加固

【例 6-39】 某墙体浇筑混凝土加固，已知该楼层共有 7 扇尺寸为 1200mm × 2100mm 的木门以及 5 扇尺寸为 1200mm × 1800mm 的固定窗，另外柱子的尺寸为 500mm × 500mm，混凝土加固厚度为 20mm，强度等级为 C25，其他相关信息如图 6-39 所示，平面图中单点画线为轴线尺寸标注，墙体厚度为 240mm，轴线居中，试根据图示信息计算该工程中浇筑混凝土墙体加固的工程量。

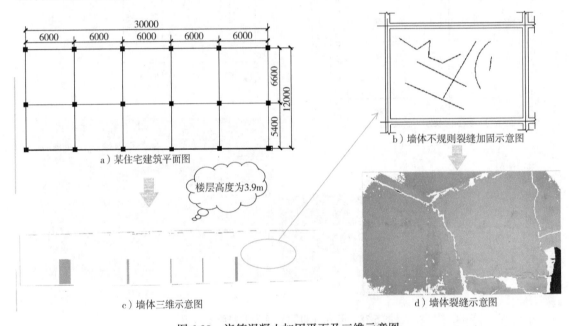

图 6-39 浇筑混凝土加固平面及三维示意图

【解】

1. 清单工程量计算规则

按设计图示尺寸以体积计算。

计量单位：m^2。

2. 工程量计算

$$V_{墙体加固} = \{[(30 + 0.25 \times 2) \times 3.9 + (12 + 0.25 \times 2) \times 3.9] \times 2 - 7 \times 1.2 \times 2.1 - 5 \times 1.2 \times 1.8\} \times 0.02$$

$$= 6.14 m^3$$

式中:

30 + 0.25 × 2、12 + 0.25 × 2——每个立面墙的面积(其中 0.25 × 2 是柱子各位凸出 0.25m);

1.2 × 2.1——单个木门的面积;

3.9——楼层高度;

1.2 × 1.8——单个窗户的面积;

7、5——木门、窗户的个数;

0.02——浇筑混凝土的厚度。

注意:扣除门窗洞口及单个面积 > 0.3m² 的孔洞所占体积。不扣除构件内钢筋、预埋件所占的体积。

6.18.2　喷射混凝土加固

项目编码:011618002　　项目名称:喷射混凝土加固

【例6-40】某墙体采用喷射混凝土加固,混凝土强度等级为 C25,喷射厚度为 60mm,其他相关信息如图 6-40 所示,试根据图示信息计算该工程中喷射混凝土加固的工程量。

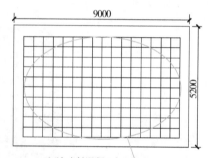

a)墙喷射混凝土加固立面图

b)喷射混凝土加固实例图

图6-40　喷射混凝土加固立面图

【解】

> 1. 清单工程量计算规则
>
> 按设计图示尺寸以面积计算。
>
> 计量单位：m²。

➡️

> 2. 工程量计算
>
> $S_{墙体加固} = 9 \times 5.2$
>
> $= 46.8 m^2$

⬇️

> 式中：
>
> 9——立面墙的长度；
>
> 5.2——立面墙的高度。

6.18.3 结构外粘钢

项目编码：011618003　　　**项目名称**：结构外粘钢

【**例 6-41**】某建筑工程采用结构外粘钢加固柱子，现有一块 b 质量等级的钢板，钢板的厚度为 10mm，宽度为 2000mm，长度为 10m，钢材的密度按 $7.85t/m^3$ 计，使用有机硅类黏结剂，防火要求为 A 级，其他相关信息如图 6-41 所示，试根据图示信息计算该工程中结构外粘钢的工程量。

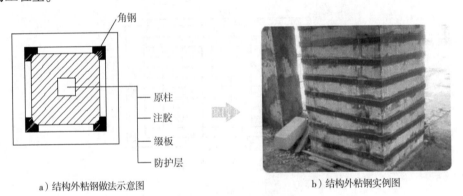

a）结构外粘钢做法示意图　　　　　　b）结构外粘钢实例图

图 6-41　结构外粘钢示意图

【解】

> 1. 清单工程量计算规则
>
> 按设计图示尺寸及设计说明以质量计算。
>
> 计量单位：t。

➡️

> 2. 工程量计算
>
> $W_{结构外粘钢} = 10 \times 2 \times 0.01 \times 7.85$
>
> $= 1.57t$

⬇️

> 式中：
>
> 10——钢板的长；
>
> 2——钢板的宽；
>
> 0.01——钢板的厚；
>
> 7.85——钢材的密度。

注意：钢板的理论质量 = 长 × 宽 × 厚 × 密度。

6.18.4 结构外包钢

项目编码：011618004　项目名称：结构外包钢

【例6-42】某建筑工程采用结构外包钢加固柱，采用的是 HRB335 级的热轧钢板，使用 H 型钢，钢板的厚度为 10mm，宽度为 1200mm，长度为 9000mm，钢材的密度按 7.85t/m³ 计，使用水泥砂浆灌浆，防火要求为 B 级，其他相关信息如图 6-42 所示，试根据图示信息计算该工程中结构外包钢的工程量。

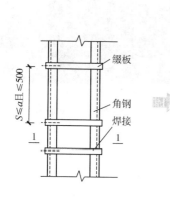

a）结构外包钢做法图

b）结构外包钢实例图

图 6-42　结构外包钢示意图

【解】

1. 清单工程量计算规则
按设计图示尺寸及设计说明以质量计算。
计量单位：t。

2. 工程量计算
$$W_{结构外包钢} = 9 \times 1.2 \times 0.01 \times 7.85$$
$$= 0.848t$$

式中：
9——钢板的长；
1.2——钢板的宽；
0.01——钢板的厚；
7.85——钢材的密度。

6.18.5 结构外粘贴纤维布

项目编码：011618005　项目名称：结构外粘贴纤维布

【例6-43】已知柱粘贴碳纤维布加固柱工程采用200g的规格，该楼层共有 18 根 500mm × 500mm、高度为 11.2m 的柱子，其他相关信息如图 6-43 所示，试根据图示信息计算该工程中结构外粘贴纤维布的工程量。

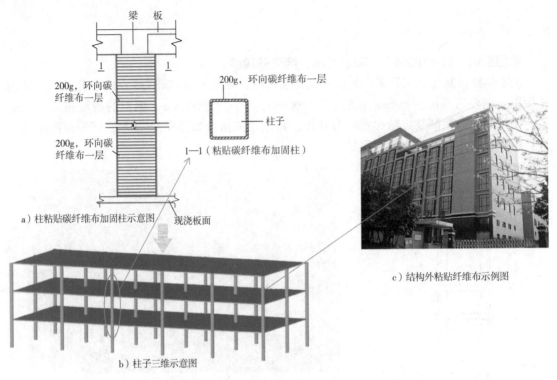

图 6-43　结构外粘贴纤维布平面及三维示意图

【解】

1. 清单工程量计算规则
按设计图示尺寸以面积计算。
计量单位：m^2。

➡

2. 工程量计算
$S_{纤维布} = 11.2 \times 0.5 \times 4 \times 18$
$= 403.2 m^2$

⬇

式中：

11.2——柱子的高度；

0.5——柱子的宽度；

4——每根柱子面积相同的面数；

18——该楼层尺寸相同的柱子的根数。

6.19　砌体结构修缮

6.19.1　墙体拆砌

项目编码：011619001　　项目名称：墙体拆砌

【例 6-44】已知某墙体拆砌采用 $240mm \times 115mm \times 53mm$ 的烧结普通砖，属于实体墙，内墙为 240mm（轴线居中），外墙为 370mm（外 250mm，内 120mm）。砌筑砂浆强度等级为 M10，砌筑方法为一砖半（37 墙），旧砖利用比率很低，忽略不计，在防潮层位置抹一层

30mm 厚 1:3 水泥砂浆掺 5% 的防水剂制成的防水砂浆，其他相关信息如图 6-44 所示，建筑物高度为 4.5m，其中入户门为 1500mm × 2100mm 的实木门，4 扇卧室门为 1000mm × 1800mm 的木门，卫生间和书房均为 900mm × 1800mm 的玻璃门。该住宅均为 1500mm × 1800mm 的窗户，试根据图示信息计算该工程中墙体拆砌的工程量。

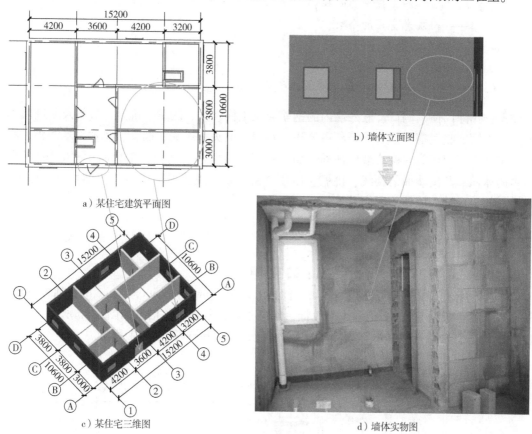

a) 某住宅建筑平面图

b) 墙体立面图

c) 某住宅三维图

d) 墙体实物图

图 6-44 墙体拆砌平面及三维示意图

【解】

1. 清单工程量计算规则

按设计图示尺寸以体积计算。

计量单位：m³。

2. 工程量计算

$$V_{墙体拆砌} = \left[(15.2 + 0.25 \times 2) \times 4.5 - 1.5 \times 1.8 + (15.2 + 0.25 \times 2) \times 4.5 - 1.5 \times 2.1 - 1.5 \times 1.8 \times 2 + (10.6 - 0.24) \times 4.5 - 1.5 \times 1.8 \times 2 + (10.6 - 0.24) \times 4.5 - 1.5 \times 1.8 \times 3 \right] \times 0.37 + \left[(3.6 + 4.2 + 3.2 - 0.24) \times 4.5 - 1.0 \times 1.8 + (4.2 + 3.2 - 0.24) \times 4.5 + (4.2 - 0.24) \times 4.5 + (10.6 - 0.24) \times 4.5 - 1.0 \times 1.8 - 0.9 \times 1.8 + (3.3 + 3.8 - 0.24) \times 4.5 - 1.0 \times 1.8 \times 2 + (3.8 - 0.24) \times 4.5 - 0.9 \times 1.8 \right] \times 0.24$$
$$= 121.19 \text{m}^3$$

式中：

15.2、10.6——墙体的轴线长度、宽度；

1.5×2.1、1.0×1.8、0.9×1.8——每扇门的面积；

1.5×1.8——每扇窗户的面积；

2、3——门或者窗户的个数；

4.5——墙体的高度；

0.24、0.37——墙体的厚度；

0.25——37墙体的外墙向外伸出的长度。

注意：扣除门窗、洞口、嵌入墙内的钢筋混凝土柱、梁、圈梁、挑梁、过梁及凹进墙内的壁龛、管槽、暖气槽、消火栓箱所占体积，不扣除梁头、板头、檩头、垫木、木楞头、沿缘木、木砖、门窗走头、砌块墙内加固钢筋、木筋、预埋件、钢管及单个面积≤0.3m² 的孔洞所占的体积。凸出墙面的腰线、挑檐、压顶、窗台线、虎头砖、门窗套的体积也不增加。凸出墙面的砖垛并入墙体体积内计算。

6.19.2 砖檐拆砌

项目编码：011619002   项目名称：砖檐拆砌

【例6-45】某工程四周直檐砖檐拆砌，使用的是240mm×115mm×53mm的普通标准砖，砌筑砂浆强度等级为M5，旧砖利用率较低，忽略不计，其他相关信息如图6-45所示，墙体厚度为240mm，轴线居中，试根据图示信息计算该工程中砖檐拆砌的工程量。

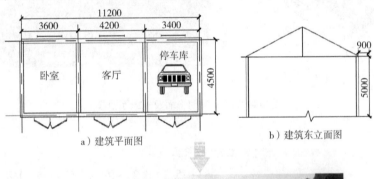

a）建筑平面图   b）建筑东立面图

c）砖檐实物图

图6-45　砖檐拆砌平面及三维示意图

【解】

1. 清单工程量计算规则
按设计图示尺寸以长度计算。
计量单位：m。

2. 工程量计算
$L = (11.2 + 0.24 + 4.5 - 0.24) \times 2$
$= 31.4m$

式中：
$11.2 + 0.24 + 4.5 - 0.24$——1侧砖檐的长度；
0.24——墙体的厚度；
2——该建筑相同砖檐的侧数。

注意：坡屋面的山墙砖檐按斜长计算。

6.19.3 掏砌砖砌体

项目编码：011619003　　项目名称：掏砌砖砌体

【例6-46】现一工程需要掏砌砖砌体，使用的是240mm×115mm×53mm的普通标准砖，掏砌的厚度为370mm，窗口掏砌的尺寸为1400mm×1700mm，砂浆强度等级为M15，其他相关信息如图6-46所示，试根据图示信息计算该工程中掏砌砖砌体的工程量。

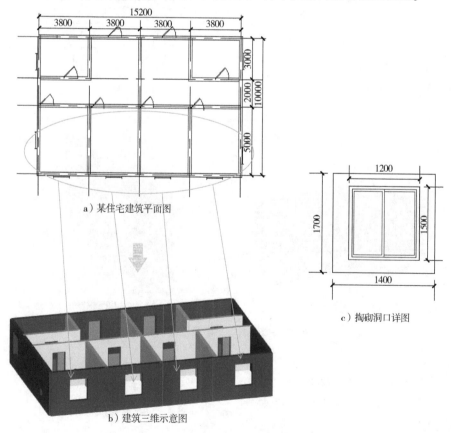

图6-46　掏砌砖砌体平面及三维示意图

【解】

> 1. 清单工程量计算规则
> 按实际掏砌尺寸以体积计算。
> 计量单位：m³。

➡

> 2. 工程量计算
> $V_{掏砌砖砌体} = 1.4 \times 1.7 \times 0.37 \times 8$
> $= 7.05m^3$

⬇

> 式中：
> $1.4 \times 1.7 \times 0.37$——1个窗口掏砌的体积；
> 8——体积相同的窗口掏砌的个数。

6.19.4 掏砌洞口

项目编码：011619004   项目名称：掏砌洞口

【例6-47】某建筑工程正在掏砌5个圆形洞口，使用的是240mm×115mm×53mm的烧结普通标准砖，剪力墙的厚度为370mm，砌筑混合砂浆强度等级为M5，其他相关信息如图6-47所示，试根据图示信息计算该工程中掏砌洞口的工程量。

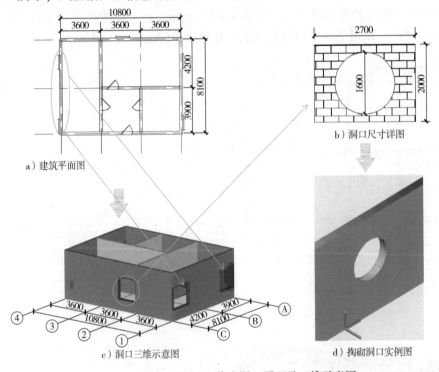

图6-47　掏砌洞口平面及三维示意图

【解】

> 1. 清单工程量计算规则
> 按照设计图示洞口尺寸以面积计算。
> 计量单位：m²。

➡

> 2. 工程量计算
> $S_{掏砌洞口} = \pi \times (0.8)^2 \times 5$
> $= 10.05m^2$

式中：

0.8——圆洞口掏砌的半径；

5——掏砌洞口的个数。

6.19.5 其他砌体拆砌

项目编码：011619005　　项目名称：其他砌体拆砌

【例6-48】某楼层的室外台阶，采用块石、碎石、素混凝凝土拆砌，25mm厚1:3的水泥砂浆，砌筑砂浆强度等级为M10，旧砖利用率较低，忽略不计，其他相关信息如图6-48所示，试根据图示信息计算该工程中台阶砌体拆砌的工程量。

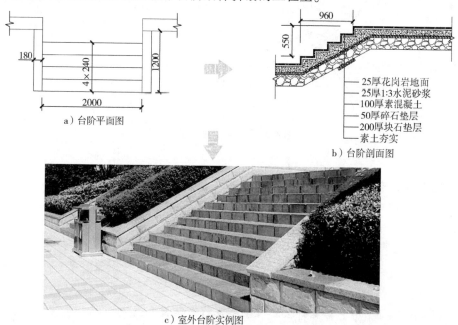

a）台阶平面图

25厚花岗岩地面
25厚1:3水泥砂浆
100厚素混凝土
50厚碎石垫层
200厚块石垫层
素土夯实

b）台阶剖面图

c）室外台阶实例图

图6-48　其他砌体拆砌平面及三维示意图

【解】

1. 清单工程量计算规则

按设计图示尺寸或实际拆砌尺寸以体积计算。

计量单位：m^3。

2. 工程量计算

$$V_{台阶砌体拆砌} = [(2+0.18 \times 2) \times 0.96 \times 0.55] \div 2$$
$$= 0.62 m^3$$

式中：

$2+0.18 \times 2$——台阶的长度（其中0.18×2是台阶两边各有180mm的挡墙）；

0.96——台阶的宽度；

0.55——台阶的高度。

注意：扣除$0.3m^3$以外的孔洞、构件所占的体积。

6.20 金属结构修缮

6.20.1 人字屋架金属部件拆换

项目编码：011620001   项目名称：人字屋架金属部件拆换

【例6-49】某轻钢结构厂房（轻钢结构厂房每米含钢量约50kg/m），其中安装人字屋架的高度为2m，并且使用角钢，螺栓种类为M12，探伤要求为20%~30%探伤，探伤长度不应小于200mm，场内运距为50m，其他相关信息如图6-49所示（图中框选的为拆除部位），试根据图示信息计算该工程中人字屋架金属部位拆换的工程量。

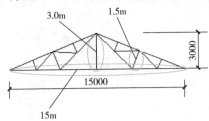

3.0m 1.5m

3000

15000

15m

图6-49　人字屋架示意图

【解】

| 1. 清单工程量计算规则
按设计图示尺寸以质量计算。
计量单位：t。 | → | 2. 工程量计算
$W_{人字屋架拆换} = (15 + 3.0 + 1.5) \times 50 = 975\text{kg}$
$= 0.975\text{t}$ |

式中：
15 + 3.0 + 1.5——需要拆除的人字屋架的轻钢长度；
50——轻钢结构厂房每米含钢量。

6.20.2 其他钢构件拆换

项目编码：011620002   项目名称：其他钢构件拆换

【例6-50】如图6-50所示，某钢式的走廊需要全部拆换，钢板的厚度为12mm，理论质量为94.2kg/m²，试根据图示信息计算该工程中钢式走廊拆换的工程量。

【解】

| 1. 清单工程量计算规则
按设计图示尺寸以质量计算。
计量单位：t。 | → | 2. 工程量计算
$W_{钢走廊拆换} = 2.0 \times 18 \times 94.2$
$= 3391.2\text{kg}$
$= 3.39\text{t}$ |

式中:

2.0×18——钢式走廊的尺寸;

94.2——12mm 厚钢板理论质量。

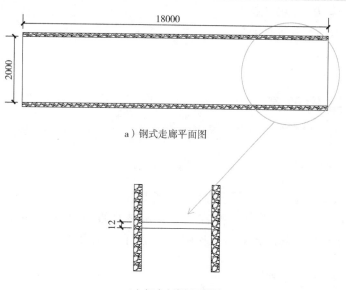

a)钢式走廊平面图

b)钢式走廊剖面详图

图 6-50 某钢式走廊平面及剖面示意图

6.20.3 钢构件整修

项目编码: 011620003　　项目名称: 钢构件整修

【例 6-51】如图 6-51 所示的钢护栏,其中 −50×5 钢板的理论质量是 1.96kg/m, −50×4 钢板的理论质量是 1.57kg/m,试根据图示信息计算该工程中钢构件整修的工程量。

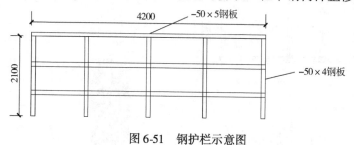

图 6-51 钢护栏示意图

【解】

1. 清单工程量计算规则
　　按设计图示尺寸以质量计算。
　　计量单位: t。

2. 工程量计算

$$W_{钢护栏折换} = 4.2 \times 3 \times 1.96 + 2.1 \times 5 \times 1.57$$
$$= 41.181 \text{kg}$$
$$= 0.041 \text{t}$$

式中：

3——-50×5 钢板根数；

4.2——-50×5 钢板长度；

2.1——-50×4 钢板长度；

5——-50×5 钢板根数。

6.21 木结构修缮

6.21.1 木构件更换

项目编码：011621001 项目名称：木构件更换

【例6-52】现有木构件需要更换柱工程，木柱高度为 4.2m，更换尺寸为 400mm × 400mm，采用方木材料，其他相关信息如图 6-52 所示，试根据图示信息计算该工程中木构件更换的工程量。

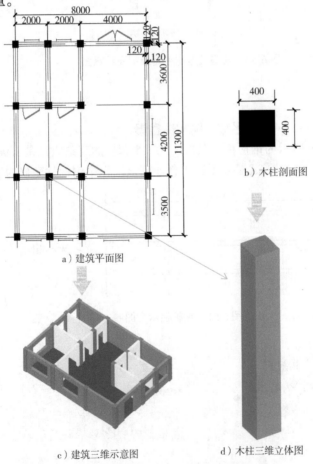

图 6-52 木柱平面及三维示意图

【解】

1. 清单工程量计算规则
以实际更换部位的项计算。
计量单位：项。

2. 工程量计算
更换部位的项＝16项

式中：
16——图中需要更换木柱构件的项。

6.21.2　局部木构件修补、加固

项目编码：011621002　　项目名称：局部木构件修补、加固

【例6-53】某木梁的四个边角部位需要维修，木梁截面尺寸为350mm×700mm，通过使用混杂纤维增强复合材料来增强木梁的强度，其他相关信息如图6-53所示，试根据图示信息计算该工程中木构件维修的工程量。

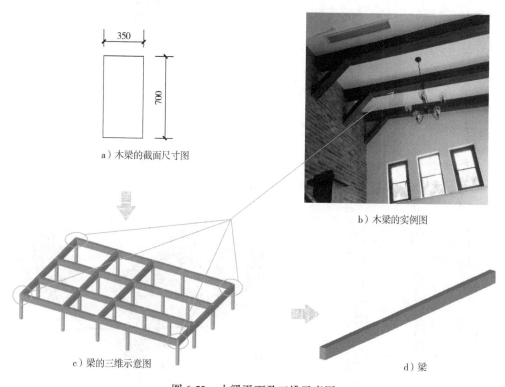

a）木梁的截面尺寸图

b）木梁的实例图

c）梁的三维示意图

d）梁

图6-53　木梁平面及三维示意图

【解】

1. 清单工程量计算规则
以实际维修部位的项计算。
计量单位：项。

2. 工程量计算
更换部位的项＝4项

式中:

4——图中需要维修木梁构件的四个边角部位。

注意:梁的宽度取 1/2 ~ 1/3 梁高,宽度不大于支撑柱在该方向的宽度,通常梁高取跨度的 1/8 ~ 1/14。

6.22 门窗整修

项目编码:011622001   项目名称:门窗整修

【例 6-54】某门窗整修工程,除图中标示的不整修,其余都采用复合实木门,其他相关信息如图 6-54 所示,墙体厚度为 240mm,轴线居中,试根据图示信息计算该工程中门窗整修的工程量。

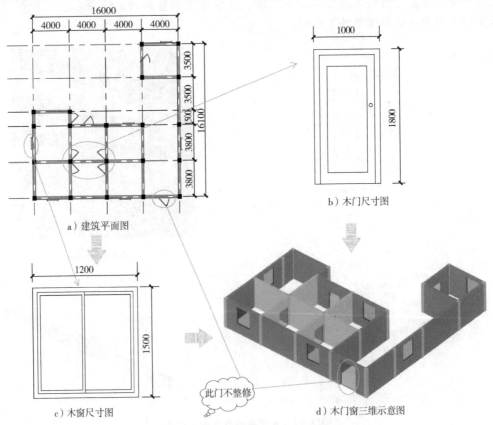

图 6-54 木门窗平面及三维示意图

【解】

1. 清单工程量计算规则
按照设计图示数量计算。
计量单位:樘。

2. 工程量计算
木门整修的工程量 = 7 樘
木窗整修的工程量 = 6 樘

式中：

7——图中需要木门整修的数量；

6——图中需要木窗整修的数量。

6.23　屋面及防水修缮

6.23.1　瓦屋面修补

项目编码：011623001　　　**项目名称：**瓦屋面修补

【**例6-55**】某瓦屋面修补工程，采用的是琉璃瓦，修补的部位是后屋面，其中屋面的类型为坡屋顶，其他相关信息如图6-55所示，南立面图中实线为外墙外边线，试根据图示信息计算该工程中瓦屋面修补的工程量。

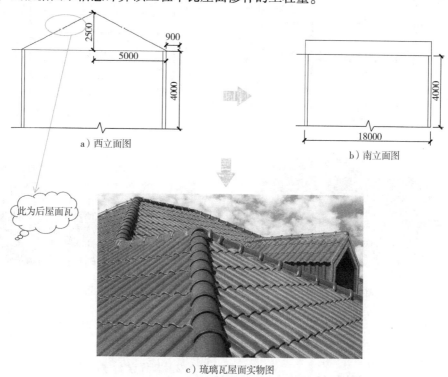

a）西立面图

b）南立面图

此为后屋面瓦

c）琉璃瓦屋面实物图

图6-55　瓦屋面修补示意图

【**解**】

1. 清单工程量计算规则	2. 工程量计算
按修补尺寸以斜面积计算。计量单位：m²。	$S_{瓦屋面修补} = 18 \times \sqrt{2.5^2 + 5^2}$ $= 100.62\text{m}^2$

式中：

18——图中瓦屋面的长度；

$\sqrt{2.5^2 + 5^2}$ ——图中瓦屋面的斜长。

注意：不扣除房上烟囱、风帽底座、风道、小气窗、斜沟等所占面积。小气窗的出檐部分不增加面积。

6.23.2 布瓦屋面拔草清垄

项目编码：011623002　　项目名称：**布瓦屋面拔草清垄**

【例6-56】已知布瓦屋面拔草清垄工程，平屋顶结构找坡坡度为6%，其他相关信息如图6-56所示，试根据图示信息计算该工程中布瓦屋面拔草清垄的工程量。

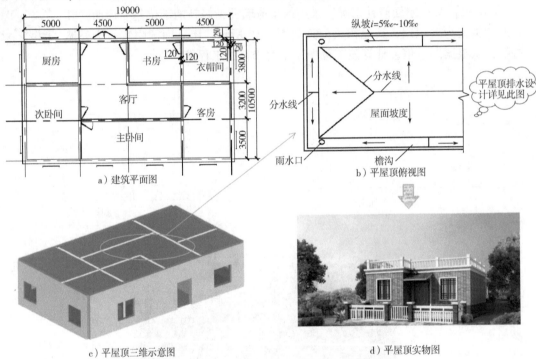

a) 建筑平面图　　　　　　b) 平屋顶俯视图

c) 平屋顶三维示意图　　　　　d) 平屋顶实物图

图6-56　布瓦屋面拔草清垄平面及三维示意图

【解】

1. 清单工程量计算规则
按设计图示尺寸以屋面面积计算。
计量单位：m²。

2. 工程量计算

$S_{布瓦屋面拔草清垄} = (19.0 + 0.25 \times 2) \times (10.5 + 0.25 \times 2) = 214.5m^2$

式中：

$(19.0 + 0.25 \times 2) \times (10.5 + 0.25 \times 2)$——图中布瓦屋面拔草清垄的面积。

注意：拔草清垄只适用于屋面不需进行查补而为保护屋面做法时使用。

6.23.3 布瓦屋面斜脊、屋脊修补

项目编码：011623003 项目名称：布瓦屋面斜脊、屋脊修补

【例6-57】已知布瓦屋面斜脊、屋脊修补工程，其他相关信息如图6-57所示，试根据图示信息计算该工程中布瓦屋面斜脊、屋脊修补的工程量。

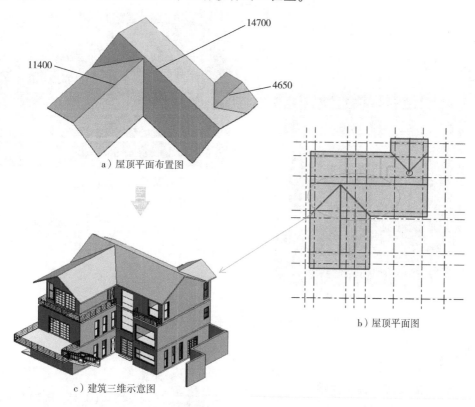

a）屋顶平面布置图

b）屋顶平面图

c）建筑三维示意图

图6-57 布瓦屋面斜脊、屋脊修补平面及三维示意图

【解】

1. 清单工程量计算规则
按设计修补尺寸以长度计算。
计量单位：m。

➡

2. 工程量计算
$L_{布瓦屋面斜脊、屋脊修补} = 11.4 + 4.65 + 14.7$
$= 30.75\text{m}$

⬇

式中：
11.4、4.65、14.7——图中布瓦屋面斜脊、屋脊的尺寸。

6.23.4 采光天棚修补

项目编码：011623004 项目名称：采光天棚修补

【例6-58】如图6-58所示的钢化玻璃采光天棚（钢骨架）修补，试根据图示信息计算该工程中采光天棚修补的工程量。

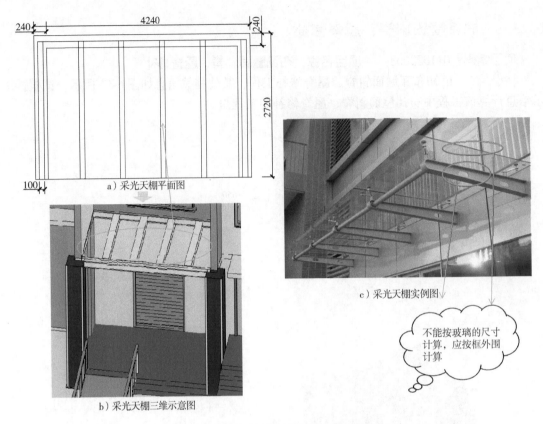

图 6-58 采光天棚修补平面及三维示意图

【解】

1. 清单工程量计算规则
按设计修补尺寸以面积计算。
计量单位：m²。

2. 工程量计算
$S_{采光天棚修补} = \{4.24 - [(0.24 - 0.1)/2] \times 2\} \times (2.72 - 0.12)$
$= 10.66m^2$

式中：
4.24、2.72——图中采光天棚和墙体的总长度；
0.24——图中墙体的厚度；
0.1——图中钢的宽度；
2——图中两边是对称的。

6.23.5 卷材防水修补

项目编码：011623005 项目名称：卷材防水修补

【例6-59】图6-59所示为保温卷材屋面防水修补，维修防水层采用的是2层SBS改性沥青防水卷材，厚度为3mm，墙体厚度为240mm，试根据图示信息计算该工程中卷材防水修补的工程量。

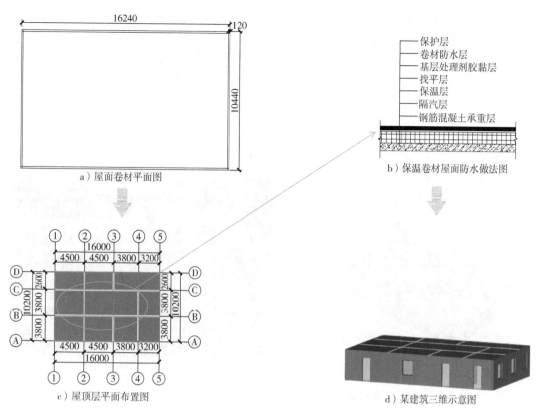

图6-59　卷材防水修补平面及三维示意图

【解】

1. 清单工程量计算规则
按修补尺寸以面积计算。
计量单位：m²。

2. 工程量计算
$S_{卷材防水修补} = (16 + 0.24) \times (10.2 + 0.24)$
$= 169.55m^2$

式中：
16——屋面的长度；
10.2——屋面的宽度。

6.23.6　涂膜防水修补

项目编码：011623006　　项目名称：涂膜防水修补

【例6-60】某涂膜防水修补工程如图6-60所示，墙体厚度为240mm，轴线居中，卫生间的防水膜品种是高聚物改性沥青类的SBS防水涂料（需加胎体增强材料聚酯布，玻纤布等），防水层厚度为1.5mm，涂刷2或3遍，试根据图示信息计算该工程中卫生间地面涂膜防水修补的工程量。

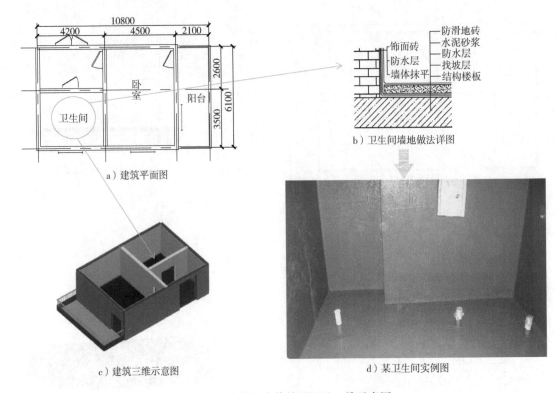

a) 建筑平面图

b) 卫生间墙地做法详图

c) 建筑三维示意图

d) 某卫生间实例图

图 6-60　涂膜防水修补平面及三维示意图

【解】

1. 清单工程量计算规则
按修补尺寸以面积计算。
计量单位：m^2。

2. 工程量计算
$$S_{涂膜防水修补} = (3.5 - 0.24) \times (4.2 - 0.24)$$
$$= 12.91 m^2$$

式中：
3.5、4.2——卫生间的轴线尺寸标注；
0.24——卫生间墙体两边各要减掉 0.12m 的墙厚。

6.23.7　屋面天沟、檐沟

项目编码：011623007　　项目名称：屋面天沟、檐沟

【例 6-61】某屋面天沟、檐沟工程如图 6-61 所示，墙厚为 240mm，天沟宽度为 240mm，试根据图示信息计算该工程中屋面天沟、檐沟修补的工程量。

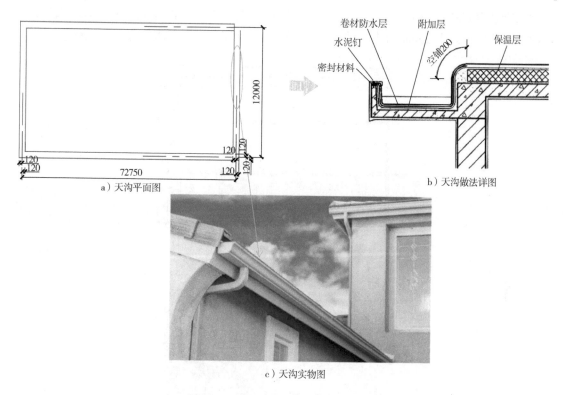

a) 天沟平面图　　　　　　　　　　　　b) 天沟做法详图

c) 天沟实物图

图 6-61　屋面天沟、檐沟修补示意图

【解】

> 1. 清单工程量计算规则按修补尺寸以面积计算。计量单位：m^2。

➡

> 2. 工程量计算
> $S_{屋面天沟、檐沟} = (12 + 0.24) \times 0.24 \times 2 + (72.75 - 0.24) \times 0.24 \times 2$
> $= 40.68 m^2$

⬇

> 式中：
> 12、72.75——天沟的轴线尺寸标注；
> 0.24——天沟的宽度；
> 2——天沟横向、纵向各2个。

注意：1. 檐沟和天沟的防水层下应增设附加层，附加层伸入屋面的宽度不应小于250mm。

2. 檐沟防水层和附加层应由沟底翻上至外侧顶部，卷材收头应用金属压条钉压，并应用密封材料封严，涂膜收头应用防水涂料多遍涂刷。

6.23.8　雨水管修整

项目编码：011623008　　项目名称：雨水管修整

【例 6-62】如图 6-62 所示的雨水管修整工程，建筑物高度为9m，共有5根雨水管，其中排水管采用 UPVC、φ100mm，雨水斗、山墙出水口使用的是 87 型雨水斗，以檐口下皮算至设计室外地坪以上 15cm 为止，试根据图示信息计算该工程中雨水管修整的工程量。

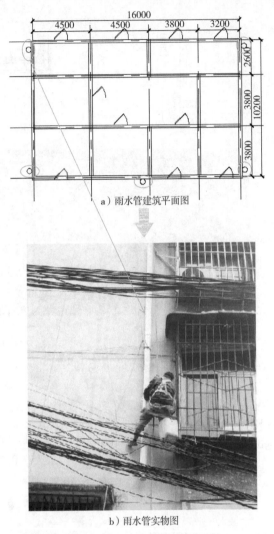

a）雨水管建筑平面图

b）雨水管实物图

图 6-62　雨水管修整示意图

【解】

1. 清单工程量计算规则
按修整尺寸以长度计算。
计量单位：m。

2. 工程量计算
$$L_{雨水管修整} = (9 - 0.15) \times 5$$
$$= 44.25m$$

式中：
9——建筑物的高度；
0.15——以檐口下皮算至设计室外地坪以上 15cm 为止；
5——排水管的个数。

6.24 保温修缮工程

6.24.1 屋面保温修缮

项目编码：011624001　　项目名称：屋面保温修缮

【例6-63】某屋面保温修缮工程，使用FS水泥粉煤灰屋面保温，防水卷材隔汽层沿周边墙面向上连续铺设，高出保温层上表面150mm，修补的部位是整个屋面，其中屋面的类型为挑檐平屋顶、挑檐宽度为50cm，其他相关信息如图6-63所示，试根据图示信息计算该工程中屋面保温修缮的工程量。

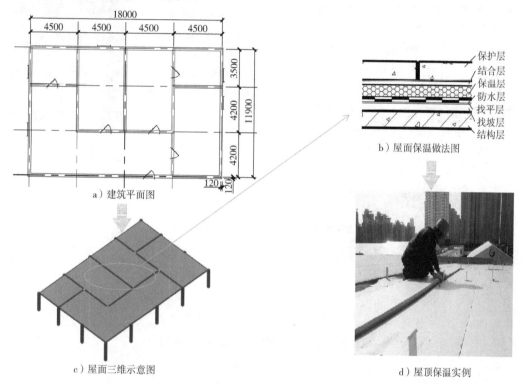

图6-63　屋面保温修缮平面及三维示意图

【解】

1. 清单工程量计算规则 按实际修补尺寸以面积计算。 计量单位：m²。	2. 工程量计算 $S_{屋面保温修缮} = (11.9 + 0.5) \times (18 + 0.5)$ 　　　　　　　$= 229.4m^2$

式中：

11.9、18——建筑物屋面的轴线尺寸标注；

0.5——挑檐宽度。

注意：不扣除≤0.3m² 的孔洞面积。

6.24.2 墙面保温修缮

项目编码：011624002　　项目名称：墙面保温修缮

【例6-64】现有一墙面保温修缮工程，使用 40mm 厚膨胀聚苯乙烯泡沫板保温，黏结材料种类、做法需要综合考虑，修补的部位是外墙内保温，建筑物高度为 3m，墙体厚度为 240mm，轴线居中，不考虑板厚，门洞口尺寸为 2100mm×1200mm，窗洞口尺寸为 1500mm×1500mm，其他相关信息如图 6-64 所示，试根据图示信息计算该工程中外墙内保温的工程量。

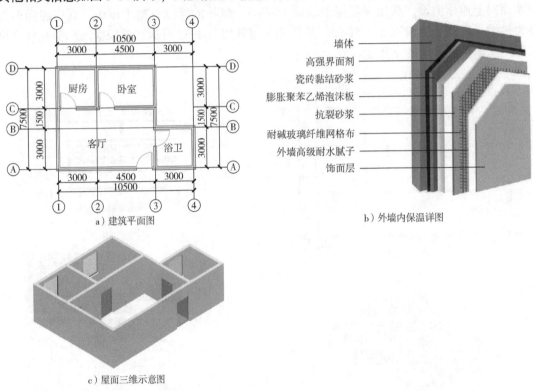

a）建筑平面图　　　　　　　　b）外墙内保温详图

c）屋面三维示意图

图 6-64　墙面保温修缮平面及三维示意图

【解】

1. 清单工程量计算规则

按实际修补尺寸以面积计算。

计量单位：m²。

2. 工程量计算

$$S_{墙面保温修缮} = (3-0.24) \times 3 \times 4 - 1.5 \times 1.5 - 2.1 \times 1.2 + (4.5-0.24) \times 3 \times 2 + (3-0.24) \times 3 \times 2 - 1.5 \times 1.5 - 2.1 \times 1.2 + (3-0.24) \times 3 \times 4 - 1.5 \times 1.5 - 2.1 \times 1.2 + (4.5-0.24) \times 3 \times 2 + (7.5-0.24) \times 3 \times 2 - 2.1 \times 1.2 \times 4$$

$$= 153.09 m^2$$

式中：

$(3-0.24)\times3\times4-1.5\times1.5-2.1\times1.2$——厨房；

$(4.5-0.24)\times3\times2+(3-0.24)\times3\times2-1.5\times1.5-2.1\times1.2$——卧室；

$(3-0.24)\times3\times4-1.5\times1.5-2.1\times1.2$——浴卫；

$(4.5-0.24)\times3\times2+(7.5-0.24)\times3\times2-2.1\times1.2\times4$——客厅。

注意：不扣除$\leqslant0.3m^2$的孔洞面积。

6.24.3 天棚保温修缮

项目编码：011624003   项目名称：天棚保温修缮

【例6-65】如图6-65所示的某儿童房天棚保温修缮，保温隔热材料品种、规格、厚度：使用20mm厚玻璃纤维保温毡毯进行保温隔热处理，黏结材料种类、做法：综合考虑保温，隔热部位：儿童房顶棚，其他相关信息如图6-65所示，试根据图示信息计算该工程中天棚保温的工程量（内墙所占面积忽略不计）。

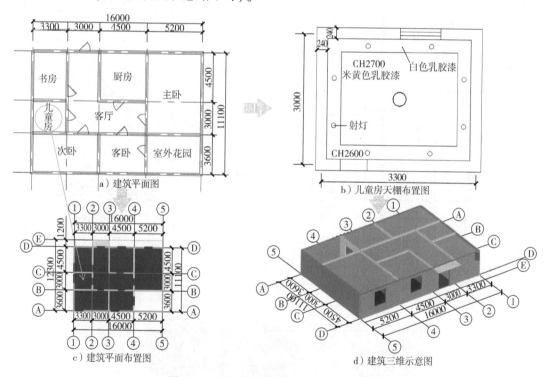

图6-65 天棚保温修缮平面及三维示意图

【解】

1. 清单工程量计算规则

按实际修补尺寸以面积计算。

计量单位：m^2。

2. 工程量计算

$$S_{天棚保温修缮}=(3.3-0.24)\times(3-0.24)$$
$$=8.45m^2$$

式中：

3、3.3——儿童房的轴线标注尺寸；

0.24——墙体厚度。

注意：不扣除≤0.3m² 的孔洞面积。

6.25 楼地面装饰工程修缮

6.25.1 整体面层楼地面修补

项目编码：011625001   项目名称：整体面层楼地面修补

【例6-66】某房屋翻新重装，整体面层地面修补，修补示意图如图6-66 所示，试求其工程量。

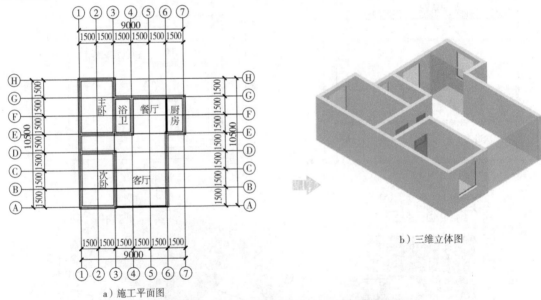

a）施工平面图

b）三维立体图

c）现场施工图

图6-66　房屋平面图、三维立体图及现场施工图

【解】

1. 清单工程量计算规则

按设计图示尺寸或实际修补尺寸以面积计算。

计量单位：m²。

→

2. 工程量计算

$$S = (3 - 0.24) \times (4.5 - 0.24) + (3 - 0.24) \times (4.5 - 0.24) + (1.5 - 0.24) \times (3 - 0.24) + (1.5 - 0.24) \times (3 - 0.24) + (3 - 0.12) \times (3 - 0.24) + (1.5 - 0.24) \times (3 - 0.12) + (1.5 - 0.12) \times 1.5 + (1.5 - 0.24) \times (3 - 0.12) + (4.5 - 0.24) \times (4.5 - 0.24)$$
$$= 65.89\text{m}^2$$

↓

式中：

$(3 - 0.24) \times (4.5 - 0.24)$——主卧楼地面面积；

$(3 - 0.24) \times (4.5 - 0.24)$——次卧楼地面面积；

$(1.5 - 0.24) \times (3 - 0.24)$——浴卫楼地面面积；

$(1.5 - 0.24) \times (3 - 0.24)$——厨房楼地面面积；

$(3 - 0.12) \times (3 - 0.24)$——餐厅楼地面面积；

$(1.5 - 0.24) \times (3 - 0.12) + (1.5 - 0.12) \times 1.5 + (1.5 - 0.24) \times (3 - 0.12)$——走廊楼地面面积；

$(4.5 - 0.24) \times (4.5 - 0.24)$——客厅楼地面面积。

6.25.2　块料、石材面层楼地面修补

项目编码：011625002　　项目名称：块料、石材面层楼地面修补

【例6-67】某房屋翻新装修，整体石材面层楼地面修补，修补示意图如图6-67所示，墙厚为240mm，试求其工程量（门口设过门石，本次翻新不包含）。

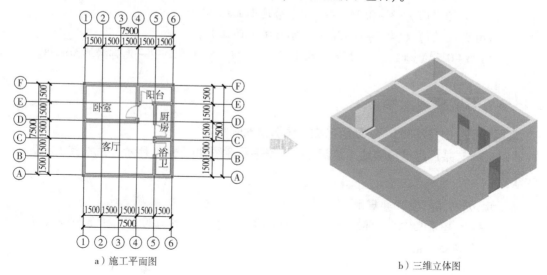

a）施工平面图　　　　　　　　　　　　b）三维立体图

图6-67　某房屋平面图、三维立体图及现场施工图

c）现场施工图

图6-67　某房屋平面图、三维立体图及现场施工图（续）

【解】

1. 清单工程量计算规则

　　按设计图示尺寸或实际修补尺寸以面积计算。

　　计量单位：m^2。

2. 工程量计算

$$S = (3 - 0.24) \times (4.5 - 0.24) + (1.5 - 0.24) \times (3 - 0.24) + (1.5 - 0.24) \times (3 - 0.24) + (1.5 - 0.24) \times (3 - 0.24) + (4.5 - 0.24) \times (4.5 - 0.12) + (1.5 - 0.24) \times (1.5 - 0.12) + (4.5 - 0.12) \times (1.5 - 0.12)$$
$$= 48.63 m^2$$

式中：

$(3 - 0.24) \times (4.5 - 0.24)$——卧室楼地面面积；

$(1.5 - 0.24) \times (3 - 0.24)$——浴卫楼地面面积；

$(1.5 - 0.24) \times (3 - 0.24)$——厨房楼地面面积；

$(1.5 - 0.24) \times (3 - 0.24)$——阳台楼地面面积；

$(4.5 - 0.24) \times (4.5 - 0.12)$——客厅楼地面面积；

$(1.5 - 0.24) \times (1.5 - 0.12) + (4.5 - 0.12) \times (1.5 - 0.12)$——走廊楼地面面积。

6.25.3　橡塑楼地面修补

项目编码：011625003　　项目名称：橡塑楼地面修补

【例6-68】 某厂房橡塑楼地面翻新修缮，修缮示意图如图6-68所示，试求其工程量。

【解】

1. 清单工程量计算规则

按设计图示尺寸或实际修补尺寸以面积计算。

计量单位：m^2。

2. 工程量计算

$$S = 30 \times 18 - 0.8 \times 0.8 \times 15$$
$$= 530.4 m^2$$

式中：

30×18——整个厂房的平面面积；

$0.8 \times 0.8 \times 15$——柱子的平面面积。

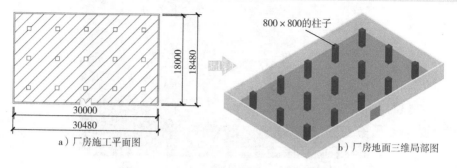

a）厂房施工平面图

800×800的柱子

b）厂房地面三维局部图

c）现场施工图

图 6-68　厂房平面图、三维图及现场施工图

6.25.4　竹、木（复合）地板整修

项目编码：011625004　　**项目名称：竹、木（复合）地板整修**

【例 6-69】某房屋木地板翻新修缮，修缮示意图如图 6-69 所示，试求其工程量（门口设过门石，本次翻新不包含）。

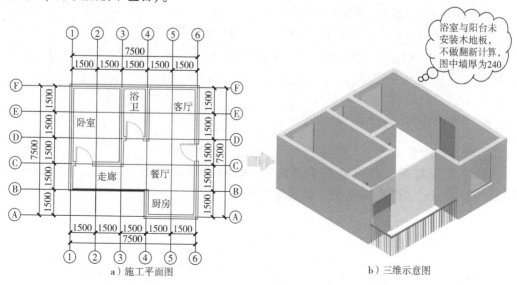

a）施工平面图

浴室与阳台未安装木地板，不做翻新计算，图中墙厚为240

b）三维示意图

图 6-69　房屋平面图、三维图及现场施工图

c）现场施工图

图 6-69　房屋平面图、三维图及现场施工图（续）

【解】

1. 清单工程量计算规则
　　按设计图示尺寸或实际修补尺寸以面积计算。
　　计量单位：m²。

2. 工程量计算

$$S = (3 - 0.24) \times (4.5 - 0.24) + (3 - 0.24) \times (3 - 0.12) + (3 - 0.12) \times 3 + (3 - 0.24) \times (1.5 - 0.12) + (1.5 - 0.24) \times (3 - 0.12) + (1.5 - 0.12) \times (1.5 - 0.12) + (1.5 - 0.12) \times 1.5$$
$$= 39.76 \text{m}^2$$

式中：

$(3 - 0.24) \times (4.5 - 0.24)$——卧室地板面积；

$(3 - 0.24) \times (3 - 0.12)$——客厅地板面积；

$(3 - 0.12) \times 3$——餐厅地板面积；

$(3 - 0.24) \times (1.5 - 0.12)$——厨房地板面积；

$(1.5 - 0.24) \times (3 - 0.12) + (1.5 - 0.12) \times (1.5 - 0.12) + (1.5 - 0.12) \times 1.5$——走廊地板面积。

6.25.5　防静电活动地板修补

项目编码：011625005　　项目名称：**防静电活动地板修补**

【例 6-70】某房屋防静电地板翻新修缮，修缮示意图如图 6-70 所示，门的尺寸为 2100mm × 1200mm，墙厚为 240mm，试求其工程量。

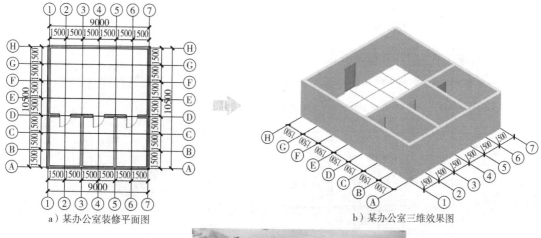

a）某办公室装修平面图   b）某办公室三维效果图

c）某办公室翻新装修地面现场施工图

图6-70　房屋平面图、三维效果图及现场施工图

【解】

1．清单工程量计算规则

按设计图示尺寸或实际修补尺寸以面积计算。

计量单位：m^2。

2．工程量计算

$$S = (4.5 - 0.24) \times (3 - 0.24) \times 3 + (6 - 0.24) \times (9 - 0.24) + 0.24 \times 1.2 \times 3$$
$$= 86.59 m^2$$

式中：

$(4.5 - 0.24) \times (3 - 0.24) \times 3$——小办公室的面积；

$(6 - 0.24) \times (9 - 0.24)$——大厅面积；

$0.24 \times 1.2 \times 3$——门洞口下方。

6.25.6　其他面层楼地面修补

项目编码：011625006　　项目名称：其他面层楼地面修补

【例6-71】某房屋地面翻新修缮，修缮示意图如图6-71所示，墙厚为240mm，试求其工程量（门口设过门石，本次翻新不包含）。

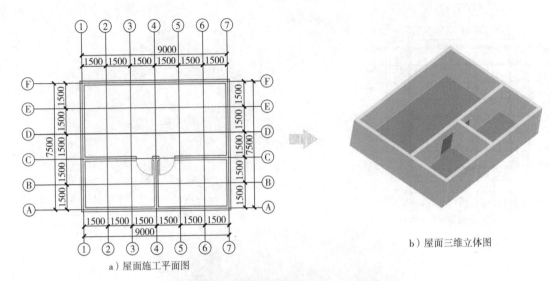

a）屋面施工平面图

b）屋面三维立体图

c）地毯翻新现场施工图

图6-71　房屋地面平面图、三维立体图及现场施工图

【解】

1. 清单工程量计算规则

按设计图示尺寸或实际修补尺寸以面积计算。

计量单位：m^2。

2. 工程量计算

$S = (4.5 - 0.24) \times (3 - 0.24) \times 2 + (4.5 - 0.24) \times (9 - 0.24)$
$= 60.83 m^2$

式中：

$(4.5 - 0.24) \times (3 - 0.24) \times 2$——小房间的面积；

$(4.5 - 0.24) \times (9 - 0.24)$——大厅面积。

6.25.7　踢脚线修补

项目编码：011625007　　项目名称：踢脚线修补

【例6-72】某房屋踢脚线翻新修缮，修缮示意图如图6-72所示，踢脚线高为100mm，墙厚为240mm，门框尺寸为1200mm×2100mm，图中所示门侧壁不增加踢脚线面积，试求其工程量。

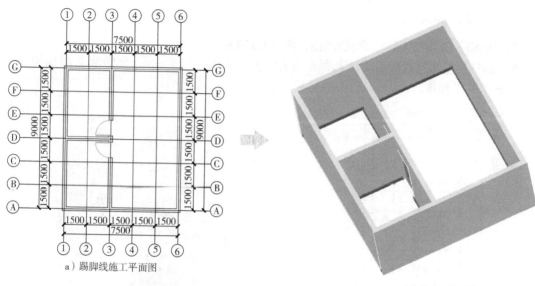

a）踢脚线施工平面图

b）施工三维示意图

c）踢脚线现场施工图

图6-72　踢脚线修补施工示意图

【解】

1. 清单工程量计算规则

按设计图示尺寸或实际修补尺寸以面积计算。

计量单位：m²。

2. 工程量计算

$$S = (3 - 0.24 + 3 - 0.24 + 4.5 - 0.24 + 4.5 - 0.24 - 1.2) \times 0.1 \times 2 + (4.5 - 0.24 + 4.5 - 0.24 + 9 - 0.24 + 9 - 0.24 - 1.2 \times 2) \times 0.1$$
$$= 4.93 m^2$$

式中：

(3 − 0.24 + 3 − 0.24 + 4.5 − 0.24 + 4.5 − 0.24 − 1.2) × 0.1 × 2——2 个房间踢脚线面积；

(4.5 − 0.24 + 4.5 − 0.24 + 9 − 0.24 + 9 − 0.24 − 1.2 × 2) × 0.1——大厅踢脚线面积。

6.25.8 楼梯面层修补

项目编码：011625008   项目名称：楼梯面层修补

【例 6-73】某房屋楼梯面层抹灰翻新修缮，踏步高度为 150mm，修缮示意图如图 6-73 所示，试求其工程量。

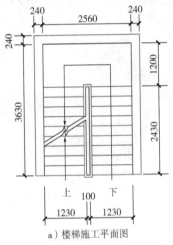

a）楼梯施工平面图

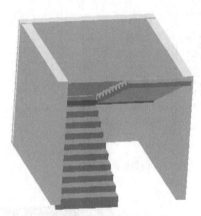

b）楼梯三维立体图

c）现场施工图

图 6-73 楼梯面层修补施工平面图、三维立体图及现场施工图

【解】

1. 清单工程量计算规则

按设计图示尺寸或实际修补尺寸以面积计算。

计量单位：m²。

2. 工程量计算

$$S = 2.56 \times 3.63 - 0.1 \times 2.43 +$$
$$1.23 \times 0.15 \times 20$$
$$= 12.74 \text{m}^2$$

式中：

2.56×3.63——楼梯平面面积；

0.1×2.43——梯井的面积；

1.23×0.15×20——踏步立面面积。

6.25.9 木楼梯踏板、梯板整修

项目编码：011625009   项目名称：木楼梯踏板、梯板整修

【例6-74】某房屋木楼梯踏板翻新修缮，修缮示意图如图6-74所示，楼梯两侧为踢脚线，厚度为10mm，试求其工程量。

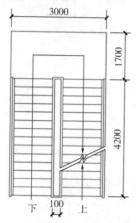

a）木楼梯施工平面图

b）木楼梯三维立体图

c）木楼梯实物图

图6-74 木楼梯踏板、梯板整修

【解】

1. 清单工程量计算规则

按设计图示尺寸或实际修补尺寸以面积计算。

计量单位：m²。

2. 工程量计算

$S = 1.7 \times 3 + 4.2 \times (3 - 0.02 - 0.1)$

$= 17.20\text{m}^2$

式中：

1.7×3——休息板面积；

4.2×(3-0.02-0.1)——楼梯面面积。

6.25.10 木楼梯踏板、梯板拆换

项目编码：011625010　项目名称：木楼梯踏板、梯板拆换

【例 6-75】某房屋木楼梯踏板、梯板拆换，修缮示意图如图 6-75 所示，试求其工程量。

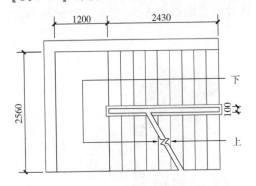

a）楼梯翻新施工平面图

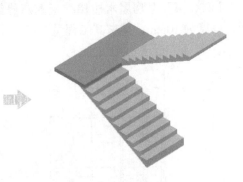

b）楼梯三维立体图

c）楼梯翻新实物效果图

图 6-75　木楼梯踏板、梯板拆换

【解】

1. 清单工程量计算规则

按设计图示尺寸或实际修补尺寸以面积计算。

计量单位：m²。

2. 工程量计算

$$S = 2.56 \times 1.2 + (2.56 - 0.1) \times 2.43$$
$$= 9.05 \text{m}^2$$

式中：

2.56×1.2——楼梯板面积；

(2.56−0.1)×2.43——楼梯面积。

6.25.11 楼梯防滑条填换

项目编码：011625011　　项目名称：**楼梯防滑条填换**

【例6-76】某房屋楼梯防滑条翻新修缮，修缮示意图如图6-76所示，试求其工程量。

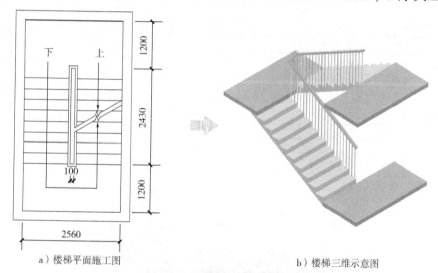

a）楼梯平面施工图　　　　　　　　　b）楼梯三维示意图

c）楼梯实物图

图6-76　楼梯防滑条填换

【解】

1. 清单工程量计算规则

按设计图示尺寸或实际修补尺寸以长度计算。

计量单位：m。

2. 工程量计算

$$S = (2.56 - 0.1) \times 10$$
$$= 24.6 \text{m}$$

式中：

2.56 - 0.1——每踏长度；

10——每段踏数。

6.25.12 台阶面层修补

项目编码：011625012 项目名称：台阶面层修补

【例6-77】某房屋台阶面层修补，修缮示意图如图6-77所示，试求其工程量。

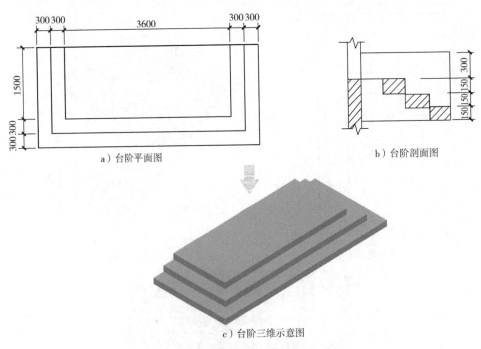

a) 台阶平面图

b) 台阶剖面图

c) 台阶三维示意图

图 6-77 台阶面层修补

【解】

1. 清单工程量计算规则

按设计图示尺寸或实际修补尺寸以面积计算。

计量单位：m²。

2. 工程量计算

$S = 4.8 \times 2.1 + 2.1 \times 0.15 \times 2 + 1.8 \times 0.15 \times 2 + 1.5 \times 0.15 \times 2 + 4.8 \times 0.15 + 4.2 \times 0.15 + 3.6 \times 0.15$

$= 13.59 \text{m}^2$

式中：

4.8×2.1——面层面积；

$2.1 \times 0.15 \times 2 + 1.8 \times 0.15 \times 2 + 1.5 \times 0.15 \times 2$——两侧侧边面积；

$4.8 \times 0.15 + 4.2 \times 0.15 + 3.6 \times 0.15$——正侧边面积。

6.26 墙、柱面抹灰修缮

6.26.1 墙、柱面抹灰修补

项目编码：011626001　　项目名称：墙、柱面抹灰修补

【例6-78】某建筑一层平面图如图6-78所示，墙厚为240mm，层高为3.2m，内墙为一般抹灰，卧室需进行修补，C1的尺寸为1200mm×1500mm，C2的尺寸为1000mm×900mm，M1的尺寸为2100mm×2400mm，M2的尺寸为1200mm×2400mm，试根据清单计算规则计算内墙面抹灰修补的工程量。

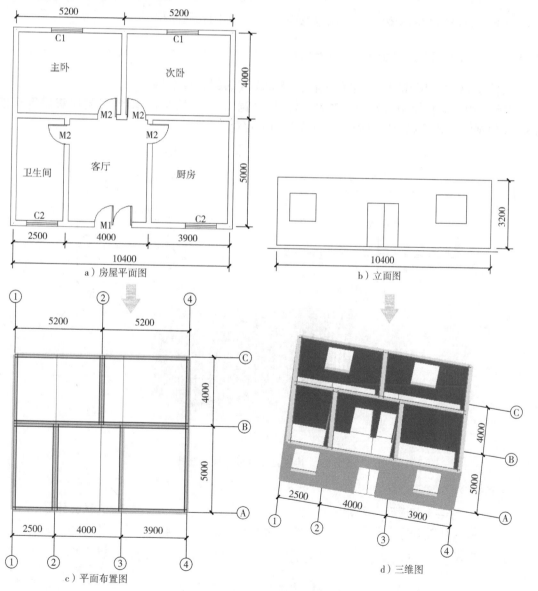

图6-78　墙、柱面抹灰修补

【解】

1. 清单工程量计算规则

按设计图示尺寸或实际修补尺寸以面积计算。

计量单位：m^2。

2. 工程量计算

$$S = [(5.2 - 0.24) \times 4 + (4 - 0.24) \times 4] \times 3.2 - 1.2 \times 1.5 \times 2 - 1.2 \times 2.4 \times 2$$
$$= 102.26 m^2$$

式中：

$(5.2 - 0.24) \times 4 + (4 - 0.24) \times 4$——内墙总长度；

3.2——层高；

$1.2 \times 1.5 \times 2$——C1 窗所占面积；

$1.2 \times 2.4 \times 2$——M1 所占面积。

注意：计算时扣除墙裙、门窗洞口及单个 $> 0.3 m^2$ 的孔洞面积。

6.26.2 其他面（零星）抹灰修补

项目编码：011626002　　项目名称：其他面（零星）抹灰修补

【例 6-79】某楼层阳台如图 6-79 所示，阳台宽 1.2m，长 4m，阳台底层抹灰需重新修补，试根据清单计算规则计算阳台抹灰修补的工程量。

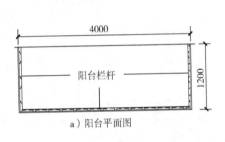

a) 阳台平面图

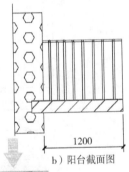

b) 阳台截面图

c) 实物图

图 6-79　其他面（零星）抹灰修补

【解】

1. 清单工程量计算规则

按设计图示尺寸或实际修补尺寸以面积计算。

计量单位：m^2。

2. 工程量计算

$$S = 1.2 \times 4$$
$$= 4.8 m^2$$

式中:

4——阳台长;

1.2——阳台宽。

注意: 计算时扣除墙裙、门窗洞口及单个 $>0.3m^2$ 的孔洞面积。

6.27 墙、柱面块料面层修缮

6.27.1 块料、石材墙柱面修补

项目编码: 011627001 **项目名称**: 块料、石材墙柱面修补

【例6-80】某建筑一层平面图如图6-80所示, 墙厚为240mm, 墙裙以上采用块料铺贴, 需重新进行修补, M1的尺寸为2500mm×2200mm, C1的尺寸为1200mm×1500mm, C2的尺寸为1000mm×1500mm, 试根据清单计算规则计算块料面层修补的工程量。

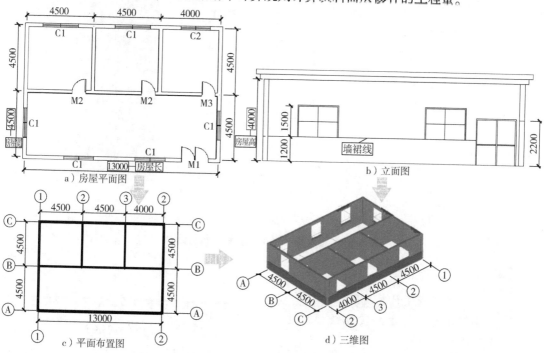

图6-80 块料、石材墙柱面修补

【解】

1. 清单工程量计算规则

按设计图示尺寸或实际修补尺寸以面积计算。

计量单位: m^2。

2. 工程量计算

$S = (4-1.2) \times [(9+0.24) \times 2 + (13+0.24) \times 2] - 1.2 \times 1.5 \times 6 - 1 \times 1.5 - 1 \times 2.5$

$= 111.09m^2$

式中:
$(4-1.2) \times [(9+0.24) \times 2 + (13+0.24) \times 2]$——除去墙裙的总面积;

$1.2 \times 1.5 \times 6$——C1 窗所占面积;

1×1.5——C2 窗所占面积;

1×2.5——墙裙以上 M1 门所占面积。

6.27.2 其他面(零星)块料、石材修补

项目编码: 011627002 **项目名称: 其他面(零星)块料、石材修补**

【例 6-81】某建筑大门砖柱 2 根,砖柱块料面层需进行重新修补,不包括柱脚和柱帽,如图 6-81 所示,试根据清单计算规则计算砖柱块料面层修补的工程量。

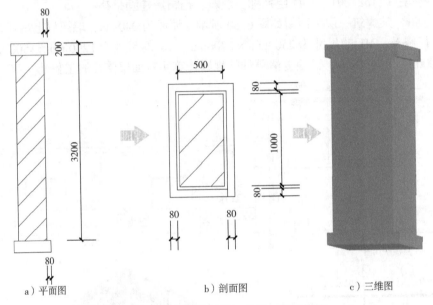

a) 平面图   b) 剖面图   c) 三维图

图 6-81 其他面(零星)块料、石材修补

【解】

1. 清单工程量计算规则
   按设计图示尺寸或实际修补尺寸以面积计算。
   计量单位: m^2。

2. 工程量计算
$$S = (0.5+1) \times 2 \times 3.2 \times 2$$
$$= 19.2 m^2$$

式中:
$(0.5+1) \times 2$——柱面的周长;

3.2——柱身高;

2——柱的根数。

6.28 墙、柱饰面修缮

项目编码：011628001　　　项目名称：墙、柱饰面修缮

【例6-82】某建筑房屋如图6-82所示，墙厚为240mm，对外墙进行全部修补，试根据清单计算规则计算外墙修补的工程量。

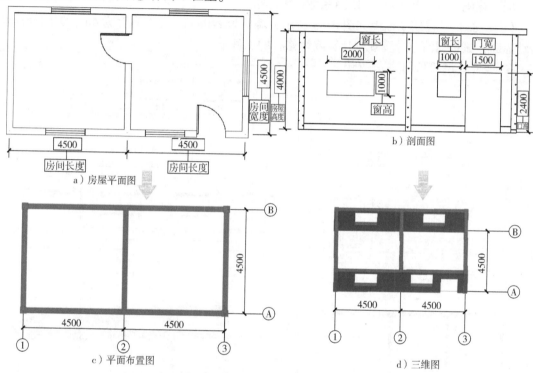

图6-82 墙、柱饰面修缮

【解】

1. 清单工程量计算规则

按设计图示尺寸或实际修补尺寸以面积计算。

计量单位：m^2。

2. 工程量计算

$S = (9 + 0.24) \times 4 - 2 \times 1 \times 2 + (9 + 0.24) \times 4 - 2 \times 1 - 1 \times 1 - 1.5 \times 2.4 + (4.5 + 0.24) \times 4 \times 2$

$= 101.24 m^2$

式中：

$(9 + 0.24) \times 4 - 2 \times 1 \times 2$——后外墙修补面积；

$(9 + 0.24) \times 4 - 2 \times 1 - 1 \times 1 - 1.5 \times 2.4$——前外墙修补面积；

$(4.5 + 0.24) \times 4 \times 2$——左右两侧外墙修补面积。

6.29 隔断、隔墙修缮

6.29.1 隔墙修补

项目编码： 011629001　　**项目名称：隔墙修补**

【例6-83】 某建筑平面图如图6-83所示，墙厚为240mm，隔墙高度为4m，进门处采用隔墙隔断，试根据清单计算规则计算隔墙修补的工程量。

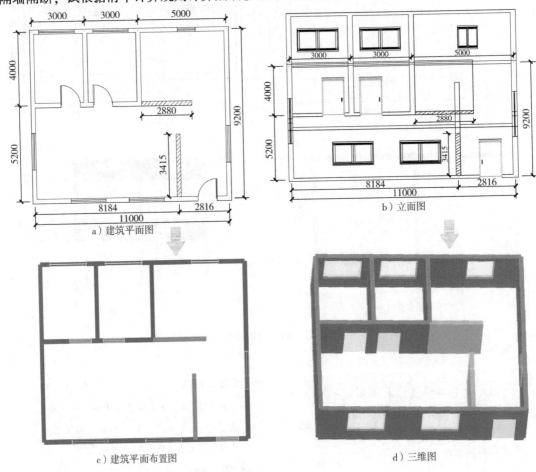

a）建筑平面图

b）立面图

c）建筑平面布置图

d）三维图

图6-83 隔墙修补

【解】

1. 清单工程量计算规则

按设计图示尺寸或实际修补尺寸以面积计算。

计量单位：m²。

2. 工程量计算

$S = (3.415 + 2.88 + 0.24) \times 4 \times 2$
$= 52.28 \text{m}^2$

式中：

3.415 + 2.88——隔墙总宽度；

4——隔墙高度；

0.24——隔墙厚度。

注意：计算时超过 0.3m² 的门窗及孔洞面积相应扣除。

6.29.2　隔断整修

项目编码：011629002　　项目名称：隔断整修

【例6-84】某办公室采用木隔断如图 6-84 所示，现在需对木隔断进行整修，试根据清单计算规则计算木隔断修补的工程量。

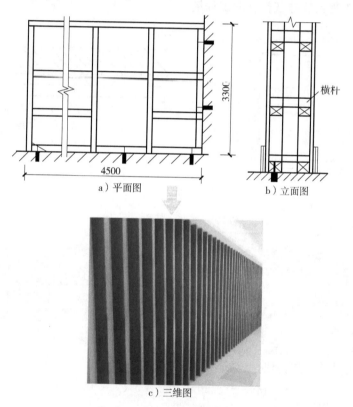

a）平面图　　b）立面图

c）三维图

图6-84　隔断整修

【解】

1. 清单工程量计算规则

按设计图示尺寸或实际修补尺寸以面积计算。

计量单位：m²。

2. 工程量计算

$S = 4.5 \times 3.3$

$= 14.85m²$

式中：

4.5——木隔断长度；

3.3——木隔断宽度。

注意：计算时超过0.3m²的门窗及孔洞面积相应扣除。

6.30 天棚抹灰修缮

项目编码：011630001   项目名称：天棚抹灰修缮

【例6-85】某建筑进行整体的天棚抹灰修补，如图6-85所示，墙厚为240mm，试根据图示信息计算该工程天棚抹灰修补的工程量。

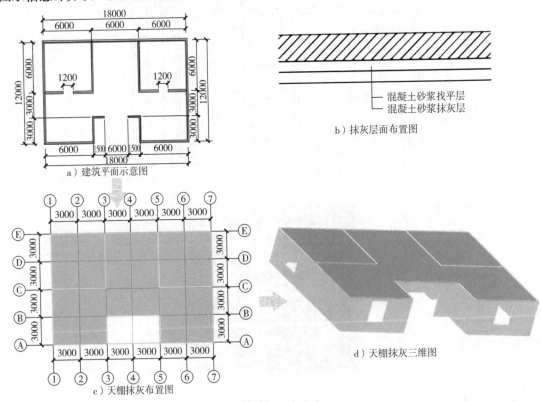

a）建筑平面示意图

b）抹灰层面布置图

c）天棚抹灰布置图

d）天棚抹灰三维图

图6-85 天棚抹灰修缮

【解】

1. 清单工程量计算规则

按设计图示尺寸或实际修补尺寸以面积计算。

计量单位：m²。

2. 工程量计算

$$S = (18 - 0.24) \times (12 - 0.24) - (6 - 0.24) \times 3 - \{[6 + (6 - 0.24)] \times 0.24 \times 2\}$$
$$= 185.93 \text{m}^2$$

式中:

18 - 0.24——房屋内净长;

12 - 0.24——房屋内净宽;

(6 - 0.24)×3——门外面积;

[6+(6 - 0.24)]×0.24——房屋内单个房间墙体面积。

6.31 天棚吊顶修缮

6.31.1 吊顶面层补换

项目编码: 011631001 **项目名称:** 吊顶面层补换

【例6-86】某仓库全部天棚需进行吊顶面层补换,如图6-86所示,墙厚为200mm,试根据图示信息计算该工程吊顶面层补换的工程量。

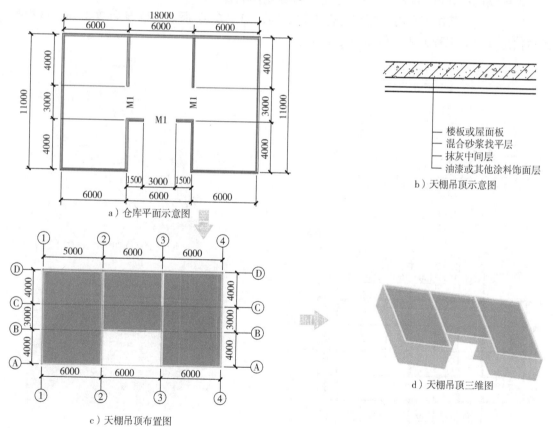

图 6-86 天棚吊顶面层补换

【解】

1. 清单工程量计算规则

按设计图示尺寸或实际补换尺寸以面积计算。

计量单位：m²。

⟶

2. 工程量计算

$S = (6 - 0.2) \times (11 - 0.2) \times 2 + (6 - 0.2) \times (7 - 0.2)$

$= 164.72 \text{m}^2$

式中：

6 - 0.2——左、右两边仓库内净长；

11 - 0.2——左、右两边仓库内净宽；

6 - 0.2——中间仓库内净长；

7.5 - 0.2——中间仓库内净宽。

6.31.2 天棚支顶加固

项目编码： 011631002　　**项目名称：** 天棚支顶加固

【例6-87】某建筑室内天棚需进行支顶加固，如图6-87所示，墙厚为200mm，试根据图示信息计算该工程天棚支顶加固的工程量。

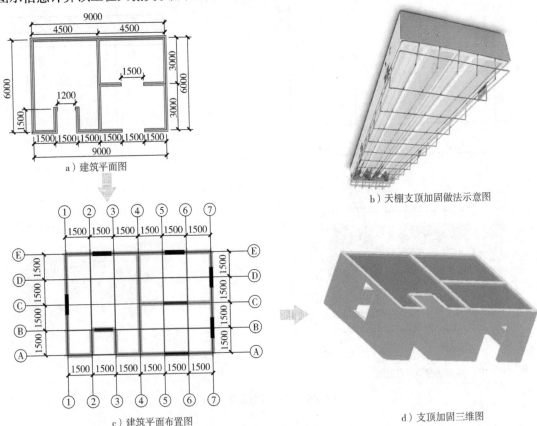

a) 建筑平面图

b) 天棚支顶加固做法示意图

c) 建筑平面布置图

d) 支顶加固三维图

图6-87　天棚支顶加固

【解】

1. 清单工程量计算规则
按设计图示尺寸或实做面积计算。
计量单位：m²。

➡

2. 工程量计算
$S = (6-0.2) \times (4.5-0.2) - (1.5+0.2) \times (1.5+0.2) + (4.5-0.2) \times (3-0.2) \times 2$
$= 46.13 \text{m}^2$

⬇

式中：
$(6-0.2) \times (4.5-0.2)$——左边房间天棚支顶加固面积；
$(1.5+0.2) \times (1.5+0.2)$——左边房间门外面积；
$(4.5-0.2) \times (3-0.2)$——右边单个房间天棚支顶加固面积。

6.32 油漆、涂料、裱糊修缮

6.32.1 门、窗油漆翻新

项目编码：011632001   项目名称：门、窗油漆翻新

【例6-88】某房屋门油漆翻新修缮，修缮示意图如图6-88所示，试求其工程量。

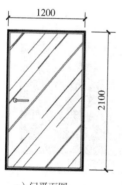
a）门平面图

c）门翻新修缮施工图

b）门实物图

图6-88 门、窗油漆翻新

【解】

> 1. 清单工程量计算规则
> 按设计图示洞口尺寸以面积计算。
> 计量单位：m^2。

➡

> 2. 工程量计算
> $S = 1.2 \times 2.1$
> $= 2.52 m^2$

⬇

> 式中：
> 1.2×2.1——门洞口尺寸。

6.32.2 木材面油漆翻新

项目编码：011632002　　项目名称：木材面油漆翻新

【例6-89】某房屋木地板翻新修缮，浴卫未安装木地板，修缮示意图如图6-89所示，试求其工程量。

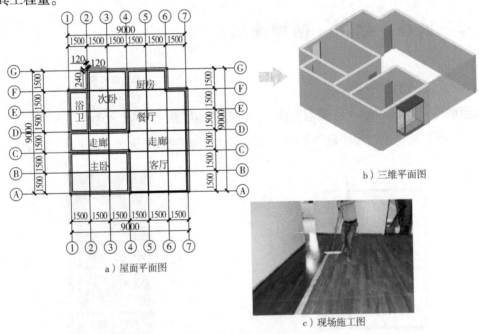

a）屋面平面图

b）三维平面图

c）现场施工图

图6-89　木材面油漆翻新

【解】

> 1. 清单工程量计算规则
> 按设计图示尺寸以面积计算。
> 计量单位：m^2。

➡

> 2. 工程量计算
> $S = (3 - 0.24) \times (4.5 - 0.24) + (3 - 0.24) \times (4.5 - 0.24) + (3 - 0.24) \times (1.5 - 0.12) + (3 - 0.12) \times 3 + (4.5 - 0.24) \times (3 - 0.12) + (1.5 - 0.24) \times (4.5 - 0.12) + (4.5 - 0.12) \times 1.5 + (3 - 0.12) \times (1.5 - 0.12)$
> $= 64.30 m^2$

⬇

式中：

$(3-0.24) \times (4.5-0.24)$——主卧的面积；

$(3-0.24) \times (4.5-0.24)$——次卧的面积；

$(3-0.24) \times (1.5-0.12)$——厨房的面积；

$(3-0.12) \times 3$——餐厅的面积；

$(4.5-0.24) \times (3-0.12)$——客厅的面积；

$(1.5-0.24) \times (4.5-0.12) + (4.5-0.12) \times 1.5$——走廊的面积；

$(3-0.12) \times (1.5-0.12)$——门口处走廊的面积。

6.32.3 木扶手及其他板条、线条油漆翻新

项目编码：011632003　　项目名称：木扶手及其他板条、线条油漆翻新

【例6-90】 某公园木栏杆扶手翻新修缮，修缮示意图如图6-90所示，试求其工程量。

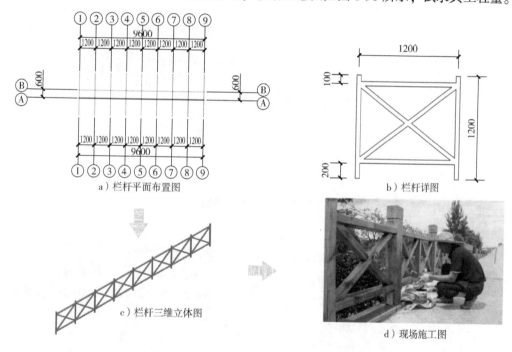

a）栏杆平面布置图

b）栏杆详图

c）栏杆三维立体图

d）现场施工图

图6-90 木扶手及其他板条、线条油漆翻新

【解】

1. 清单工程量计算规则

按设计图示尺寸以长度计算。

计量单位：m。

➡

2. 工程量计算

扶手栏杆油漆翻新工程量为9.6m。

⬇

式中：

9.6——栏杆扶手长度。

6.32.4 金属面油漆翻新

项目编码：011632004 　　　项目名称：**金属面油漆翻新**

【例6-91】施工工地钢板翻新修缮，修缮示意图如图6-91所示，钢板厚为80mm，试求其工程量。

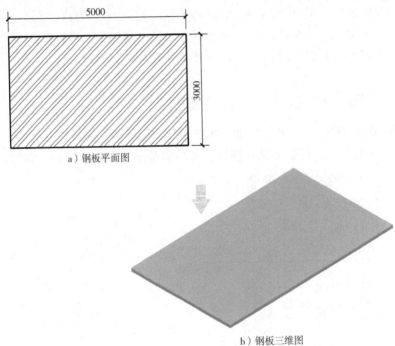

a）钢板平面图

b）钢板三维图

图6-91　金属面油漆翻新

【解】

1. 清单工程量计算规则

按设计展开面积计算。

计量单位：m²。

2. 工程量计算

金属面油漆翻新工程量为：

$S = 5 \times 3 \times 2 + 3 \times 0.08 \times 2 + 5 \times 0.08 \times 2 = 31.28m^2$

式中：

5——钢板的长度；

3——钢板的宽度；

0.08——钢板的厚度；

2——相同面的个数。

6.32.5 金属构件油漆翻新

项目编码：011632005 　　项目名称：**金属构件油漆翻新**

【例6-92】某建筑钢桁架翻新如图6-92所示，已知上下弦以及斜向支撑均采用 L110 ×

10 的角钢，连接板采用 200mm × 400mm 厚 8mm 的钢板，试计算此钢桁架油漆翻新的工程量。

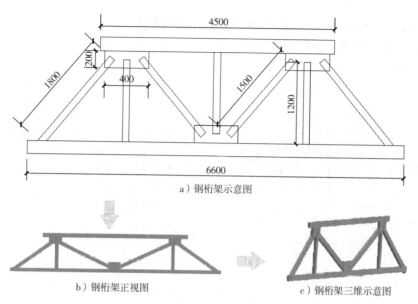

a）钢桁架示意图

b）钢桁架正视图

c）钢桁架三维示意图

图 6-92　金属构件油漆翻新

【解】

1. 清单工程量计算规则

按设计图示尺寸以质量计算。

计量单位：t。

2. 工程量计算

(1) 上下弦杆工程量 = (4.5 + 6.6) × 16.69
　　　　　　　　　= 185.26kg = 0.185t

(2) 竖向支撑杆工程量 = 1.2 × 3 × 16.69
　　　　　　　　　　= 60.08kg = 0.06t

(3) 斜向支撑杆工程量 = (1.8 × 2 + 1.5 × 2) × 16.69
　　　　　　　　　　= 110.15kg = 0.11t

(4) 连接板工程量 = 0.2 × 0.4 × 62.8 × 3
　　　　　　　　= 15.07kg = 0.015t

(5) 钢桁架工程量 = 0.185 + 0.06 + 0.11 + 0.015
　　　　　　　　= 0.37t

式中：

4.5 + 6.6——上下弦杆的长度；

1.8 × 2 + 1.5 × 2——四根斜向支撑杆的长度（外侧两根与内侧两个长短不同）；

62.8——8mm 厚钢板理论质量；

16.69——L110 × 10 角钢理论质量。

6.32.6 抹灰面油漆翻新

项目编码：011632006　　项目名称：抹灰面油漆翻新

【例6-93】某房屋翻新装修，墙面顶板刷漆，修缮示意图如图6-93所示，试求其顶板抹灰面油漆翻新工程量。

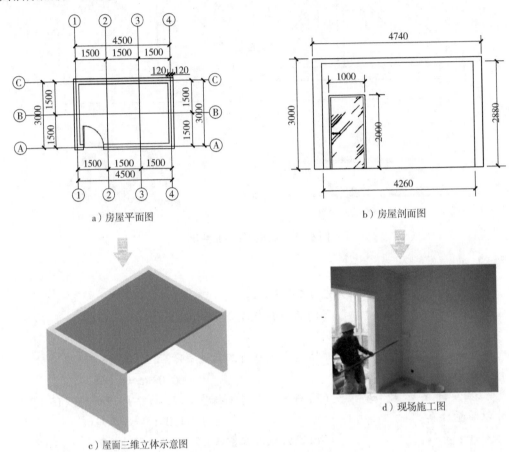

a）房屋平面图　　　　　　　　　　b）房屋剖面图

c）屋面三维立体示意图　　　　　　d）现场施工图

图6-93　抹灰面油漆翻新

【解】

1. 清单工程量计算规则
按设计图示尺寸以面积计算。
计量单位：m^2。

2. 工程量计算
$$S = (4.5 - 0.24) \times (3 - 0.24)$$
$$= 11.76m^2$$

式中：
$(4.5 - 0.24) \times (3 - 0.24)$——顶板工程量。

6.32.7 抹灰线条油漆翻新

项目编码：011632007 项目名称：抹灰线条油漆翻新

【例6-94】某房屋内墙裙上方设置抹灰线条，抹灰线条油漆翻新，墙厚为240mm，修缮示意图如图6-94所示，试求其工程量。

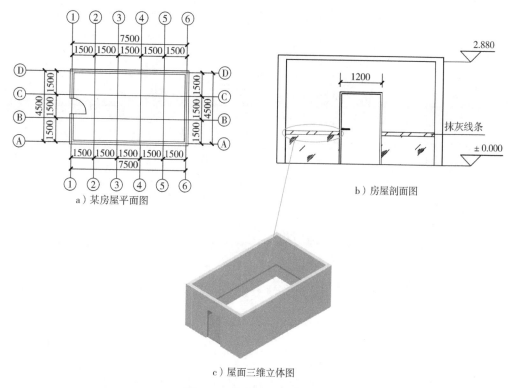

a）某房屋平面图

b）房屋剖面图

c）屋面三维立体图

图6-94 抹灰线条油漆翻新

【解】

1. 清单工程量计算规则
按设计图示尺寸以长度计算。
计量单位：m。

2. 工程量计算
$L = 7.5 - 0.24 + 4.5 - 0.24 + 7.5 - 0.24 + 4.5 - 0.24 - 1.2$
$= 21.84\text{m}$

式中：

7.5 - 0.24——房间长度减去墙厚；

4.5 - 0.24——不带门房间宽度减去墙厚；

4.5 - 0.24 - 1.2——带门房间宽度减去墙厚和门宽。